🍴 星厨的独家意式料理

实用信息栏

难易程度	从 ★ 到 ★ ★ ★
食谱应用	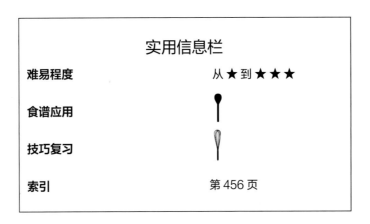
技巧复习	
索引	第 456 页

星厨的独家意式料理

［意］米娅·曼戈利尼（Mia Mangolini） 著

［意］弗兰切斯卡·曼托瓦尼（Francesca Mantovani） 摄影　刘思雨　孙含悦 译

华中科技大学出版社
http://www.hustp.com

有书至美
BOOK & BEAUTY

中国·武汉

如何使用这本书?

技法

所有的基础技法都由一位职业厨师分步骤讲解。

与正文相对应的分步骤流程图

难度

页码

主厨建议

意式煎小牛肉片★
Saltimbocca

意式煎小牛肉片（"saltimbocca"，字面意思为 "跳到嘴里"！）是一道标志性的罗马料理。它是用极薄的小牛大腿肉片制作而成，外面包上火腿和鼠尾草，用牙签固定好。这道菜肴制作方法简单快捷，而且十分美味。saltimbocca经常会跟involtini混淆，后者是小牛肉馅的肉卷（通常里面有奶酪）。

4人份

准备时间：10分钟
烹饪时间：20分钟

配料

300克小牛肉片
120克干火腿
80克黄油
8片新鲜鼠尾草叶
100毫升白葡萄酒（罗马城堡干白葡萄酒是理想之选）
盐、胡椒

将肉片压平、压薄，这样就可以切成几个边长约10厘米的正方形，撒少许盐，加少许胡椒（图1）。
在每1块小牛肉片上放1片火腿和1片鼠尾草叶（图2），用牙签固定好（图3）。
在长柄平底锅中，加热半块黄油，用大火将肉片迅速煎一下，两面各煎2分钟，先煎有火腿的一面（注意不要将火腿煎得太过，否则火腿会变得很干）（图4）。
用白葡萄酒融化锅底的焦糖酱，结束烹饪，将煎小牛肉片保温。
用2汤匙水稀释底料并加入剩下的黄油使汤汁变稠。
浇上汤汁食用煎小牛肉片。

● **主厨建议**
您可以选择四季豆、青豌豆、菠菜、土豆泥等作为煎小牛肉片的配菜。

各类技巧

140

肉片

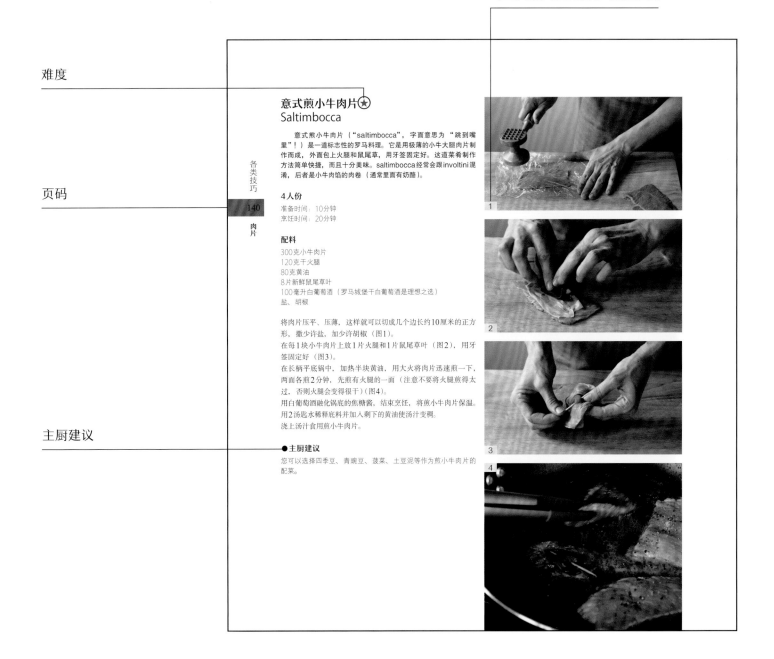

食谱

100份基础食谱 + 由主厨创作并检验的食谱

页码

难度

白松露鞑靼牛排★
Carne all'Albese

All' Albese意思是"阿尔巴式的",阿尔巴是皮埃蒙特的一座城市。
这份食谱最大限度地突出了著名的阿尔巴白松露的风味。
这道菜肴中肉的理想之选是小牛肉。

4人份
准备时间：20分钟
腌制时间：1小时

剥掉蒜皮，去掉蒜芽，捣成蒜泥。将柠檬榨成汁。用一把干刷子清洗松露，刷掉尘土，如有必要，也可借助刀尖。然后用湿布擦拭松露并晾干。

您可以要求肉店师傅给您准备切好的鞑靼牛排。否则，您就只好自己将小牛肉切成小块，然后同时用两把磨尖的刀将小肉块切成薄肉片。

将蒜泥、橄榄油、盐和胡椒粉均匀搅拌，制成酱料给小牛肉调味。腌制约1小时。

食用前再加入柠檬汁，以免改变肉的玫瑰红色。

将鞑靼牛排均匀分放在几个盘子里。用松露削片器将白松露削成片，撒在牛排上。

●**建议配菜/配酒**
巴巴莱斯科干红葡萄酒（法定产区优质葡萄酒）

●**主厨建议**
一份古老的食谱要求把酱料和（盐渍或油浸）去骨鳀鱼泥混合在一起。如果您不喜欢吃蒜，可以用餐叉叉上（去皮去芽的）蒜瓣，调味的时候将餐叉插进肉里。蒜瓣会使白松露散发出淡淡的蒜味。

●**烹饪须知**
随着时间的流逝，白松露会逐渐失去香味。因此获得食材后应该迅速食用，最多保存5天。将白松露用多用纸抹布包好，密封在玻璃器皿中，放入冰箱的蔬菜格保存。
白松露不能烧煮。

配料
2瓣蒜
1个黄柠檬
1颗阿尔巴白松露
350克小牛大腿肉
足量的橄榄油
盐、胡椒粉

用具
1个松露削片器

配料

目录

前言

卡尔洛·佩特里尼 (Carlo Petrini)

美食记者和评论家
慢食协会的创始人

　　米娅·曼格里尼（Mia Mangolini）的这本书精选出数道意大利菜肴，是一部宝贵的工具书。她对每一道菜肴的技法和可行性、用具和方法、建议和（准备）时间都一一解释并配以详尽的图片。为了展现意大利的美食遗产，十几家享有盛名的餐厅于本书中聚集在一起。它们代表了当今意大利厨艺的顶尖水平。在意大利，美食的区域多样性有多种表现形式。这就是意大利的特点 —— 多样性中的统一性。而这一特点也注定要成为整个欧洲美食的发展方向。

各类技巧

开胃菜与罐头食品

开胃菜与罐头食品

开胃菜食材多样，分量较少，装饰精致。开胃菜的数量视情况而定，一般普通的一餐只需要一份开胃菜，较丰盛的一餐需要两份或三份，更大的排场或者典礼餐会则需要更多份（一般为七份）。在冷餐会上，开胃菜已然成为常规菜品。最著名的搭配可能是腌制蔬菜配猪肉食品。如果菜肴品质上佳，开胃菜也可以显得十分讲究。

历史简述

antipasto（复数为antipasti）这个词来自拉丁语（ante-pastus），意为"餐前"。在意大利，人们也称之为"principii"[相当陈旧的名称，佩勒格里诺·阿图西（Pellegrino Artusi）在他的书《厨房科学和饮食艺术》（*Scienza in cucina e l'arte del mangiar bene*）中使用过]、"stuzzichini"或者"finger-food"，其产生可追溯至古罗马时期。公元前4世纪，费罗森诺（Filosseno）在他的诗《肯维托》（*Convito*）中提到了一些在餐前可刺激食欲的美味菜肴。这一习俗在中世纪时渐渐消失，后来又在地理大发现时代重现。在富人的餐桌上，这一习俗演变成了品尝各种各样的未知食物。

开胃菜的制作

外观

不要低估了开胃菜美观的重要性，因为外观好看的菜肴在刺激食欲前就已经使人大饱眼福了。因此选择适合的餐盘很重要。拼盘可组合各种蔬菜，十分方便。

顺序

作为正餐的引子，开胃菜应该与正餐相协调，循序渐进。最柔和的味道应先于最浓烈的味道。蔬菜应先于肉或鱼。一般鱼可引出肉；少数情况下，白肉可引出辣鱼。

冷菜或热菜

一般来说，开胃菜在夏天为冷菜，在冬天为热菜。但是现在很流行把两者组合在一起，先上冷菜，再上热菜。

配料

所有的食材都可以用来制作开胃菜：小面包和比萨、谷物、蔬菜、鸡蛋、水果、猪肉食品、奶酪、鱼和肉。

一些传统开胃菜举例

帕尔马火腿配甜瓜、粗红肠配无花果、梨配帕尔马奶酪、生食蔬菜（第15页）、鳀鱼火锅（第191页）；生鱼片、生海螯虾片（第132页）、生鲷鱼片；海鲜沙拉（第128页）、墨鱼（第239页）、咸面包片（第300页）、烤面包、肉酱或鱼酱、薄切生牛肉片（第242页）或蔬菜片、奶酪与果酱（第22页）、印度酸辣酱或巧克力酱等。在冷餐台上、早午餐会上或者代替晚餐的冷餐会上，可以采用开胃菜的形式分享主菜（面条、脆皮焗菜、烤肉等），其分量较少，但外形美观。

生食蔬菜 ★
Pinzimonio

Pinzimonio,即罗马方言中的cazzimperio，是一道以生蔬菜为原料，配以橄榄油调味汁的料理。

4人份

准备时间：10分钟

配料

1颗加了盐和胡椒的朝鲜蓟
1棵茴香
1棵苦苣
1根胡萝卜
1根黄瓜
1个甜椒（红椒或黄椒）或青椒
8根红皮白萝卜
4个白皮小洋葱
半个黄柠檬榨汁
100毫升橄榄油
盐、胡椒

清洗蔬菜并切成块状（朝鲜蓟、茴香、苦苣）和条状（胡萝卜、黄瓜、甜椒）。
在碗里用餐叉将1撮盐和1撮胡椒混合在一起，倒入柠檬汁，加入少许橄榄油并使其乳化。
将蔬菜摆放在餐盘中、小杯中、筐里或者多层托盘中。
将柠檬酱平分在几个小杯中，供每一位宾客蘸食蔬菜用。

●主厨建议

可以用4汤匙的香脂醋代替柠檬汁。若为了进一步凸显橄榄油之香和蔬菜之鲜，您也可以不使用酸化剂。

烤蔬菜 ★
Verdure grigliate

这是一道非常简单的料理，可以作为开胃菜引出正餐、装饰沙拉或者作为主菜的配菜。

选择优质的应季蔬菜是这道料理烹饪成功的关键。

4人份

准备时间：20分钟
烹饪时间：10分钟

配料
根据季节选择

1个茄子
2个小西葫芦
1个甜椒（红椒或黄椒）或青椒
或者4颗苦苣
8朵蘑菇
1棵红叶菊苣
100毫升橄榄油
2汤匙碎香辛蔬菜
（百里香、牛至、墨角兰、香芹等）
盐

清洗蔬菜并将其切成约0.5厘米厚的片状（茄子、小西葫芦）、块状（苦苣、红叶菊苣）或者长条状（甜椒）（图1）。

用大火加热有沟槽的、提前涂油的铁板。将蔬菜两面各烤3分钟（图2），借助钳子或餐叉将蔬菜翻面。

将甜椒放入微波炉中烤4分钟。

蔬菜一经烤熟，就将其放入餐盘中，随即加入少量橄榄油、盐和碎香辛蔬菜调味。

热食、冷食均可。

填馅蔬菜 ★
Verdure ripiene

　　填馅蔬菜（或者花）在意大利各地的开胃菜中都很常见。馅和蔬菜根据地区和季节的不同而不同。

　　这里介绍一份利古里亚的食谱。

4人份
准备时间：20分钟
烹饪时间：35分钟

配料
2个宾什土豆或者阿加塔土豆
2个小西葫芦
2个大洋葱
80克四季豆
1个鸡蛋
1瓣蒜
60克擦成丝的帕尔马奶酪
4汤匙橄榄油
10克食用干牛肝菌（温水中浸泡15分钟）
几片罗勒叶
1咖啡匙墨角兰
4朵小西葫芦花
盐、胡椒

清洗蔬菜
将土豆削皮并切成块。

将1个小西葫芦纵向切成两半。

将洋葱切成两半，然后挖空内芯，得到4个洋葱壳。将四季豆去梗后，切成几段。将所有食材蒸20分钟左右。

制作馅
将四季豆、土豆和小西葫芦放入绞菜机（图1）。

加入鸡蛋、蒜泥、擦成丝的奶酪、2汤匙橄榄油、食用脱水牛肝菌和碎香辛蔬菜。

加盐并撒胡椒（图2）。

制作蔬菜壳
去除小西葫芦花的雌蕊。将另一个小西葫芦挖空并将两半各切成两段。将花、小西葫芦段和洋葱壳填满馅（图3）并放在涂油的烤盘上。放入烤箱，用200℃（调节器6/7挡）高温烘焙15分钟。

填馅蔬菜热食、冷食均可。

芳香橄榄 ★
Olive aromatiche

橄榄可以沥干后直接食用，也可以制成芳香橄榄食用，方法十分简单，只需添加几样配料（油浸蔬菜、辣椒、蒜、柑橘类果皮、香辛蔬菜、辛香作料等）。这里介绍一份翁布里亚的食谱。

4人份

准备时间：20分钟
烹饪时间：40分钟
腌泡时间：半天

配料

120克黑橄榄
橙子皮
1瓣蒜
1片月桂叶
1汤匙橄榄油
盐

将橄榄与橙子皮（图1）、去皮蒜泥和碎月桂叶混合。
撒盐，加入橄榄油（图2）并搅拌。
腌泡半天即可食用（图3）。

猪肉食品

　　猪肉的切割对于味道的呈现至关重要。大多数意大利式猪肉食品需用切片机切成薄片。不论是一部分还是一整块猪肉，准备和切割都需要细心。

比如，以下是帕尔马火腿（Prosciutto di Parma）协会的标准，这些标准保证了火腿在意大利消费量最大、受原产地命名保护的产品的品质：

· 去除需切割的肉块周围的部分猪皮（10～20毫米厚）。
· 去除部分脂肪：留下一半厚度的脂肪。帕马尔火腿的脂肪富含不饱和脂肪酸，使得猪肉质地柔软、味道鲜美。因此最好在瘦肉周围留下点儿脂肪。
· 切割只能使用机器，切出薄片的厚度应该和纸张相当；这是呈现出猪肉味道、香气之精妙考究的条件。
· 切片的数量根据需要而定，这样可以保证切片的新鲜和味道的浓郁。

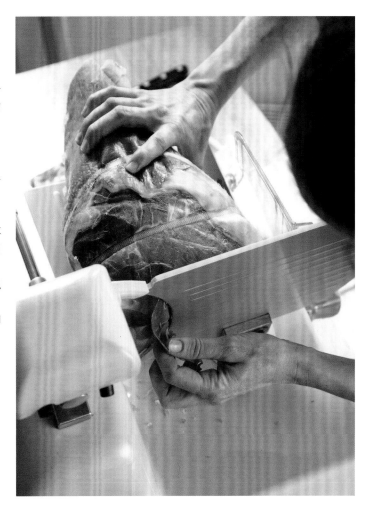

帕尔马火腿的理想保存条件

帕尔马火腿	温度	残余湿度	保存期限
整块且带骨	14℃～18℃	55%～65%	· 从卫生的角度来看：无期限 · 从味觉的角度来看：至少24个月，依重量而定
去骨（未拆包装）	1℃～10℃		最长6个月
去骨（拆包装）	1℃～6℃，将肌肉部分覆盖保存以防止氧化和结壳		最长1个月
切片（预包装出售）	1℃～10℃		最长90天

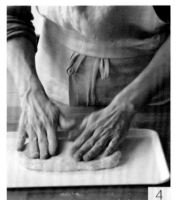

香脆面包棍 ★ ★ ★
Grissini

　　Grissini是一种松脆的棍状面包，通常配以猪肉食品和其他开胃菜。

4人份

准备时间：20分钟
发酵时间：1小时
烹饪时间：20分钟

配料

6克新鲜面包酵母
100～120毫升水
200克T55面粉
1咖啡匙红糖
1咖啡匙盐
50毫升橄榄油（可加入揉面用油）
1汤匙粗面粉

将酵母溶解于水中。在沙拉盆中倒入面粉，中间挖个小坑。在小坑中加入溶解的酵母（图1）、糖、盐和橄榄油（图2）。将所有配料混合在一起，形成一个结实的面团，揉捏面团直至其光滑而均匀（图3）。

将面团放在厨房台板上并捏成长方形状（图4）。在其表面涂油（图5）并撒上粗面粉。发酵约1小时。

沿横向将其切成棍状（图6）并用手从中间向两端将每一段轻轻拉长，放在铺好烘焙纸的烤盘上（图7）。将其放入烤箱，用200℃（调节器6/7挡）高温烘焙15～20分钟，直至面包棍烤出金黄色。

●主厨建议

您可以用其他配料（罂粟籽、芝麻、亚麻、胡椒粉、盐花等）代替粗面粉，也可以在面团中加入香料提味（番茄浓汁、辣椒面、橄榄酱、胡椒粉、碎橄榄、碎茴香籽、碎洋葱、擦成丝的帕尔马奶酪、墨鱼墨汁、切碎的熟菠菜、香辛蔬菜和植物香料等）。

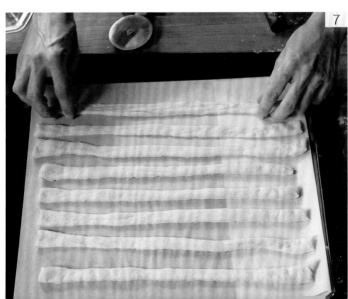

奶酪与果酱

以奶酪（特别是硬质干酪）作为开胃菜，配以果酱、印度酸辣酱、巧克力酱或者传统香脂醋，是如今很常见的吃法。这里介绍一种辣椒果酱，十分适合搭配不同成熟程度的佩科里诺奶酪，也可以用来搭配烤肉片。

辣椒果酱 ★
Marmellata di peperoncini

制作1罐 （385毫升）

准备时间：20分钟
烹饪时间：1小时

配料

270克大红辣椒 （新鲜的）
250克皇家嘎拉苹果
200克砂糖
70克红糖
1撮盐
10粒香菜籽
3朵丁香花蕾
3颗刺柏子
1根肉桂
1瓣肉豆蔻的假种皮

清洗辣椒并去除茎和辣椒籽 （全部或一部分，根据需要的辣度而定）（图1）。

清洗苹果，削皮，切成块状并去籽。把每块切成几小块。在一只大盆里放入苹果和辣椒，并加入砂糖、红糖、盐和辛香佐料 （图2）。

将其烧煮1小时 （图3）。去除表层的泡沫并趁热将果酱放入已提前消毒的果酱罐中。密封后将果酱罐倒扣过来，使瓶盖朝下。待其完全冷却后，就将果酱罐重新翻转过来。

罐头食品

将各种应季蔬菜制成罐头可以使蔬菜味道丰富多样，这是提前制作开胃菜的理想方式。品尝时只需打开盖子，即可向宾客展示您家中自制的罐头食品！

油浸朝鲜蓟 ★
Carciofini sott'olio

油浸朝鲜蓟在传统上需用季末（4～5月）的朝鲜蓟制作。朝鲜蓟的植株在生长周期末会结出许多可以完整保存的小朝鲜蓟。也可以用一些稍大的朝鲜蓟制作罐头，但是需要将其切成块状。

制作1罐（500毫升）

准备时间：40分钟
烹饪时间：4分钟
干燥时间：2～3小时
罐头消毒时间：10～15分钟

配料

800克朝鲜蓟（小个的、加胡椒和盐调制的或带刺的）
1个柠檬榨汁
1升水
1.5升白醋
2片月桂叶
20粒胡椒粒
350克橄榄油
盐

清洗朝鲜蓟，去除最硬的叶子，切掉尖和茎。如果是大朝鲜蓟，则切成块状（图1）。将其放入加了柠檬汁的水中。将醋和1升水、1片月桂叶、一半数量的胡椒粒、1大撮盐一起烧煮。在液体中放入朝鲜蓟并将其烫煮4分钟（图2）。把朝鲜蓟沥干并放在吸油纸上充分晾干（2～3小时）（图3）。一经晾干，便将朝鲜蓟放入已消毒的罐头中，并加入另一片月桂叶和剩下的胡椒粒（图4），再浇满橄榄油。借助刀刃排出朝鲜蓟之间的空气（图5）。密封罐头需用10～15分钟消毒以便保存数月。

●主厨建议

对于其他蔬菜也可以采用相同的制作过程，不过可能需要根据主料改变香料（比如用蒜、丁香花蕾、百里香搭配食用牛肝菌等）。

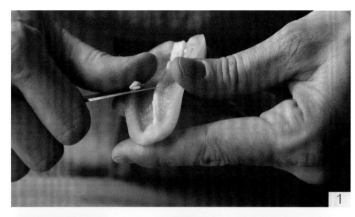

醋渍甜椒 ★
Peperoni sott'aceto

醋渍蔬菜罐头非常适合搭配猪肉食用，也可以用来装饰生菜沙拉和米饭沙拉或者作为炖肉的配料之一（详见第405页）。

1罐 （1升）

准备时间：20分钟
烹饪时间：2分钟
干燥时间：2～3小时

配料

700克甜椒
1汤匙糖
3片月桂叶
几片罗勒叶
10粒胡椒粒
1.2升白醋
盐

清洗甜椒，切成长条状，去除白丝和甜椒籽（图1）。
将甜椒放入加了糖的沸腾盐水（每升水加20克盐）（图2）中烧煮2分钟。
把甜椒沥干并放在吸油纸上充分晾干（2～3小时）（图3）。
一经晾干，就把甜椒和月桂叶、罗勒叶、胡椒粒交替放入已提前消毒的罐头中（图4）。
向罐头中浇满白醋（图5），同时挤压食材以排出甜椒之间的空气。将罐头密封。

●烹饪须知

阴凉、防潮、避光可保存数月。

▌食谱应用

卢卡纳猪肉 >> 第405页

盐渍鳀鱼 ★
Acciughe sotto sale

　　盐渍鳀鱼常出现在许多食谱中，详见第191页"鳀鱼火锅"，也可以搭配涂有薄薄一层黄油的小面包片食用。您也可以制作油浸鳀鱼脊食用，做法更加简便。

　　盐渍鳀鱼传统上在"arbanelle"中制作，"arbanelle"是一种大而直的厚玻璃罐。

制作1罐 （1千克）

准备时间：20分钟
烹饪时间：2分钟
盐渍时间：2个月

配料

1千克极鲜的鳀鱼
1千克海盐

去除鳀鱼头和肠。为此，需用手指撕下鳀鱼头部并取出附带的部分（图1）。

千万不要用水清洗鳀鱼。

在罐子底部撒一层盐，整齐地铺一层鳀鱼，鳀鱼之间不留空隙（图2、3）。

再撒一层盐（图4），陆续交替撒盐并摆放鳀鱼，最后以撒盐结束，注意每层都压紧（图5）。

不要合盖，用重物（扁平鹅卵石、玻璃圆盘、石板等）压在鳀鱼上。再用一张烘焙纸盖住罐头并用橡皮筋系好。

将其放在深盘中并放在阴凉、防潮和避光的地方。您可以在两个月以后、两年以内食用。时不时检查一下罐头：如果产生的水快要溢出，则将罐头中的水稍稍排出；如果鳀鱼太干燥，则加入少许用煮沸的盐水（每升水加20克盐）制成的盐卤。

制作油浸鳀鱼脊

您需要去除盐渍鳀鱼中间的鱼骨，并且用水和醋的混合物（水、醋各一半）冲洗鳀鱼。

将鳀鱼放在吸油纸上，露天晾干（2～3小时）。把鳀鱼和月桂叶交替放入已提前消毒的玻璃罐中。浇满橄榄油并密封罐子。这样制作出来的鳀鱼脊在阴凉、防潮、避光的情况下可保存数月。

罐头食品：制作和使用说明

· 只能选用非常新鲜、完好无损且不是太过成熟的食材。要十分仔细地清洗、擦拭和修剪食材。

· 放入食材前需用沸水清洗罐头。罐头应完全干净和干燥。每回制作新的料理时都应使用新的瓶盖或密封垫。

· 不要把罐头完全装满，留出1～2厘米空隙。如果您在倒入食材时弄脏了罐头边缘，要用干净潮湿的抹布擦干净。最后要向罐头底部挤压食材以去除气泡。

· 在罐头外面贴上写有制作日期和内容的标签并将罐头放在避光、阴凉、干燥的地方。

· 至少等待2个月才能品尝罐头，但保存时间也不能超过1年（鳀鱼除外）。

· 一旦开盖，罐头就应当放在阴凉处保存，并且尽快食用。

· 为了给罐头消毒并排出空气，需要将其放在锅中，并用抹布或纸板固定。在锅中加水直至超过瓶盖2～5厘米，把水煮沸。根据罐头的大小，消毒过程需要20～60分钟（重250克及以下的罐头需要20分钟，重500克及以下的需要30分钟，重1千克及以下的需要45分钟，重1.5千克及以下的需要60分钟）。将罐头放在水中冷却。如果消毒过程操作正确，瓶盖会稍稍凹陷。从水中取出罐头并在存放前仔细擦拭。

· 果酱和醋渍罐头的罐子不需要消毒。

· 制作蔬菜罐头需要在酸性溶液中烧煮蔬菜，以避免肉毒杆菌中毒。溶液应包含至少2/3的醋（或者每升水加3个柠檬的榨汁）。盐对于罐头的保存来说也十分重要。烧煮时间根据蔬菜块的大小而定，最好不要煮得太烂，因为保存的时候蔬菜仍在余温下继续烧煮。这样烧煮的蔬菜可以直接制成罐头，也可以将蔬菜晾干，倒满橄榄油并消毒后保存。

· 开盖时，若看起来没有真空保存或者食物已变质、散发出异味，则扔掉罐头。

· 在油浸罐头中加入几匙豆油，以防罐头食品在冰箱中保存时凝固。

●烹饪须知

您可以在阴凉、防潮和避光的条件下将罐头密封保存1年。

比萨

传统比萨

比萨极有可能诞生于那不勒斯，因此2010年起，那不勒斯比萨获得了传统特产保护（STG）称号。它的食谱受成立于1984年的正宗那不勒斯比萨协会（Associazione Verace Pizza Napoletana）保护并在全世界范围内得到推广。遵守这一食谱技术规范的比萨店会收到一枚来自这个协会的有编号的徽章，可以挂在门面上。协会在全世界有超过400位会员。这些那不勒斯的比萨师傅，他们将技术授权给了餐馆。

这里展示的是正宗那不勒斯比萨的制作方法，比萨应该用柴火炉烘焙，但为了方便家中自制稍有改动。若用电烤箱制作，则烤制用时稍长，且应当在面团中加入橄榄油，以免太过干燥；还应当选用相应的拉伸面团的方法，即所谓的"DJ"；而传统的方法则被称为"一巴掌"（schiaffo，意为拍击）。

那不勒斯比萨面团的传统制作方法 (Pasta per pizza per cottura a legna)

配料

1升水
50～55克海盐
3克新鲜酵母
1.7～1.8千克00型面粉

面团准备时间：10分钟
揉面时间：20分钟
第一次发酵时间：2小时
手工捏成几个重180～250克不等的球形面团
第二次在食品盒里的发酵时间：4～6小时
发酵温度：室温（25℃）
室温下保存时间：不超过6小时

成功制作比萨的建议

烘焙

适宜的烘焙温度是成功制作比萨重要的因素之一。比萨烘焙得越快，也就是烘焙温度越高，比萨就越柔软和松脆。

最理想的烘焙应在柴火炉中进行。柴火炉的温度平均可达485℃，这样比萨60～90秒即可烤熟。

大多数没有柴火炉的比萨店配备有电烤炉，在炉底铺上耐高温石板，烤炉温度可达近400℃，比萨3分钟左右即可烤熟，但是它没有柴火炉烤比萨特有的香味和颜色（烘焙出的黑色斑点）。

家用烤箱中的温度不超过280℃。为了尽快烤熟比萨，最好的办法是（从修理店或网上）买来耐高温石板，铺在炉底当作蓄热器。您可以用比萨铲（或馅饼平底板）将比萨放在石板上直接烘焙。这样比萨5～6分钟即可烤熟。

也可以在铁皮盘或比萨烤架上烤比萨，但是烘焙时间则延长至12～15分钟。烘焙效果也会受到影响，尤其是面饼会变得更干、更易碎。

马苏里拉奶酪

最好在室温下品尝或使用马苏里拉奶酪，这样可以品尝到它高品质的口味，也可以避免它的品质遭到高温的冲击和破坏。

如果在家中自制比萨，最好使用含水量不太高的马苏里拉奶酪，以此避免烘焙过程中比萨因水分太多而变软。用柴火炉烤比萨，新鲜马苏里拉奶酪的水分会很快蒸发，但是在280℃的温度下，蒸发速度就要慢一些。

所以应使用厨房专用马苏里拉奶酪或者充分沥干的新鲜的辫状马苏里拉奶酪。

最好将马苏里拉奶酪切碎，这样它就能在烘焙的5分钟之内融化且不致烧焦（如果将马苏里拉奶酪切成片状，烘焙过程中就会散发出十分难闻的气味）。

如果您想要使用新鲜的马苏里拉水牛奶酪或者奶牛奶酪，建议借助多用途厨房布将其充分脱水后再放在比萨上。

您可以对可能在烘焙过程中产生水的新鲜番茄片进行同样的脱水操作。

番茄酱

正宗那不勒斯比萨协会的技术规范建议用优质去皮番茄来制作比萨。我同意这个观点：番茄汁（passata）太稀，番茄丁也不适用，只有用餐叉或搅拌器捣碎去皮番茄，才能制成完美适用于那不勒斯比萨的浓稠番茄酱。完全没必要提前制作番茄酱，把捣碎的去皮番茄和其他配料一样直接放在比萨上烘焙即可。

为了调节品质一般的番茄酱的酸度，可以加入1勺糖或者少量小苏打。

除少数例外情况（如玛丽娜拉比萨），比萨中不要加入牛至。据那不勒斯人说，牛至绝对不可以和奶酪搭配。

酵母和发酵时间

制作比萨面团时，应使用新鲜面包酵母，只有使用这种酵母才能达到最好的发酵效果。

使用的酵母分量和预计发酵时间成反比。按照食谱中的酵母分量，预计要发酵8小时；如果想要发酵16小时，则减去约一半的酵母；如果想要发酵4小时，则增加约一倍的酵母。发酵时间越长，面团品质越好。

盐同样非常重要：可调味，可抑制面团发酵，还可增加面团的弹性。

在商店就能找到的T55（或00型）面粉，其十分适合制作比萨，要是能找到"比萨专用"面粉，发酵效果还要更好些。

只有用电烤炉制作比萨时才在面团中加入橄榄油，这样可以使比萨更松脆。如果用柴火炉制作比萨，这个做法在传统特产保护条例中是被禁止的。

那不勒斯比萨

比萨面团 ★ ★ ★
Pasta per pizza napoletana

制作1张比萨

准备时间：25分钟
发酵时间：30分钟

配料

100毫升水
5克盐
0.5克新鲜酵母
170～180克T55面粉
5克（或者1汤匙）橄榄油

将常温水倒入器皿中并加入盐。

然后将酵母溶解于盐水中。像下雨般一点一点地往器皿中倒入一半面粉，并用手指搅拌。加入橄榄油。

倒入剩下的面粉并揉捏直至面团均匀且与器皿边缘分离。再揉捏约10分钟直至面团十分光滑。面团应十分柔软但又不能粘手。

将面团揉成球形，裹点儿面粉，将其放在器皿中，用湿抹布盖上，在温暖且没有风的地方（约20℃）静置30分钟。

如果您准备了一大块面团以制作多个比萨，则根据要制作的比萨数量，用刀将面团切成几份并将其分别揉成球形。

用湿抹布盖上面团，在温暖且没有风的地方（18℃～22℃）静置8小时。

●烹饪须知

可以将面团放入冰箱暂停发酵（如果面团涂好了油并且放在密封盒里，最多可放2天），甚至还可以放入冷冻柜（需将其裹上一层食品保鲜膜）。但使用前需将其恢复室温后再完成发酵。不过，这样会影响比萨的口感。

比萨番茄酱 ★
Pomodoro per pizza

制作1张比萨

准备时间：5分钟

配料

80克优质去皮番茄
（盒装或家中自制）
5克（或者1汤匙）橄榄油
半瓣蒜
几片罗勒叶
1撮盐

用插入式搅拌器快速搅拌去皮番茄、橄榄油、蒜泥、盐和罗勒叶。

制作比萨的马苏里拉奶酪 ★
Mozzarella per pizza

制作1张比萨

准备时间：5分钟

配料

150克辫状（treccia）或球状马苏里拉奶酪

将马苏里拉奶酪充分脱水后用食品加工机搅碎或用刀剁碎。

注意： 以下食谱都使用先前介绍的过程做出的面团制作比萨。

玛格丽特比萨 ★
Pizza Margherita

玛格丽特比萨第一次是在1889年由厨师拉法埃莱·埃斯波西托（Raffaele Esposito）为来自奥地利的玛格丽特王后制作的。当时玛格丽特和她的丈夫奥地利国王翁贝托一世正在那不勒斯度假。比萨师傅想要用比萨的配料代表意大利国旗的三种颜色：番茄之红，马苏里拉奶酪之白和罗勒之绿。王后十分欣喜，他便把他的作品命名为"玛格丽特"。第二天，玛格丽特比萨就进入了菜单，最后成为埃斯波西托家族比萨店最畅销的比萨。

制作1张直径约30厘米的比萨

准备时间：5分钟
烘焙时间：5～6分钟

配料

1个球形比萨面团（详见第31页）
1份比萨番茄酱（详见左侧）
1份马苏里拉奶酪（详见左侧）
罗勒
少许橄榄油

用炉底或炉顶模式在270℃或280℃（调节器9挡）高温下预热烤炉。
在台板上撒上面粉，手上蘸少许面粉。
借助刮铲铲起一个球形比萨面团并放在台板上。用手指尖将其压平并稍稍拉宽。
将双手完全平放在圆形抻出的面饼上，从内到外拉伸面饼，手每动一下就将面饼旋转90度，直至面饼直径达到约30厘米。
借助大汤勺或者小勺从中心向外螺旋状均匀涂抹番茄酱。
加入碎屑状的马苏里拉奶酪和少许橄榄油。
借助比萨铲将面饼放入烤炉，直接放在您提前铺在烤炉底部的耐高温石板上，烘焙5～6分钟。
出炉时，用几片罗勒叶装饰并立即品尝。

● 主厨建议

如果您没有耐高温石板，可以将比萨放在烤盘（铁皮盘或者比萨烤架）上，不过需要额外多烤10分钟。

那不勒斯比萨 ★ ★
Napoli

那不勒斯比萨是一道味道十分丰富的料理，这要归因于以刺山柑花蕾和鳀鱼为原料的调味品。那不勒斯比萨经常呈红色（rossa），也就是说不加马苏里拉奶酪。奇怪的是，在那不勒斯当地，那不勒斯比萨被称为罗马比萨。

制作1张直径约30厘米的比萨

准备时间：5分钟
烘焙时间：5～6分钟

配料

1个球形比萨面团（详见第31页）
1份比萨番茄酱（详见第32页）
1份马苏里拉奶酪（详见第32页）
5块油浸鳀鱼脊
1汤匙盐渍刺山柑花蕾（提前冲淡盐分）
少许橄榄油
几片罗勒叶

用炉底或炉顶模式在270℃或280℃（调节器9挡）高温下预热烤炉。

在台板上撒上面粉，手上蘸点儿面粉。借助刮铲铲起一个球形比萨面团并放在台板上。用手指尖将其压平并稍稍拉宽（图1）。将双手完全平放在圆形面饼上，从内到外拉伸面饼，手每拉伸一下就将面饼旋转90度，直至面饼直径达到约30厘米（图2）。

借助大汤勺或者小勺从中心向外以螺旋状均匀涂抹番茄酱（图3）。

依次加入配菜：碎屑状的马苏里拉奶酪、鳀鱼、刺山柑花蕾和少许橄榄油（图4）。

借助比萨铲将面饼放入烤炉，直接放在提前铺在烤炉底部的耐高温石板上，烘焙5～6分钟。

出炉时，用几片罗勒叶装饰并立即品尝。

比萨饺 ★★
Calzone

制作1张比萨

准备时间：5分钟
烘焙时间：5～6分钟

配料

1个球形比萨面团（详见第31页）
半份比萨番茄酱（详见第32页）
1份马苏里拉奶酪（详见第32页）
3片新鲜蘑菇片
60克（意式）精切熟火腿（cotto）
1颗油浸朝鲜蓟（切成块状）
少许橄榄油

用炉底或炉顶模式在270℃或280℃（调节器9挡）高温下预热烤炉。在台板上撒上面粉，手上蘸少许面粉。借助刮铲铲起一个球形比萨面团并放在台板上。用手指尖将其压平并稍稍拉宽（图1）。将双手完全平放在圆形面饼上时，从内到外拉伸面饼，手每拉伸一下就将面饼旋转90度，直至面饼直径达到约30厘米（图2）。

在圆形面饼的半边依次加入配菜：马苏里拉奶酪、蘑菇、火腿、油浸朝鲜蓟和少许橄榄油。
将面饼对折（图3），用指尖沿着轮廓捏紧、封好边缘（图4）。
在面饼表面抹上1匙番茄酱并倒上少许橄榄油。

借助比萨铲将面饼放入烤炉，直接放在提前铺在烤炉底部的耐高温石板上，烘焙5～6分钟。

出炉后立即品尝。

其他版本

比萨的配料有无数种组合方式。这里介绍几种最经典、流传最广的组合：

- **玛丽娜拉比萨**：番茄酱、1瓣蒜（精切）、牛至。
- **意大利式皇后比萨**（以火腿和蘑菇作配料）：番茄酱、马苏里拉奶酪、新鲜蘑菇薄片、熟火腿（cotto）。
- **卡布里乔莎比萨**：番茄酱、马苏里拉奶酪、新鲜蘑菇薄片、熟火腿、油浸朝鲜蓟、黑橄榄。
- **魔鬼比萨**：番茄酱、马苏里拉奶酪、辣香肠、新鲜洋葱薄片。
- **帕尔马比萨**：番茄酱、马苏里拉奶酪，出炉时加入帕尔马火腿和芝麻菜。
- **卡普列塞比萨**：少许马苏里拉奶酪、新鲜番茄薄片、马苏里拉水牛奶酪薄片，出炉时加入几片罗勒叶。
- **素比萨**：番茄酱、马苏里拉奶酪、小西葫芦、茄子、甜椒薄片。

- **四种奶酪比萨**：马苏里拉奶酪、戈贡佐拉奶酪、格律耶尔奶酪、帕尔马奶酪。通常情况下，制作这种比萨不加番茄。
- **海鲜比萨**：番茄、蒜、香芹、贻贝、缀锦蛤、鱿鱼圈、虾。通常情况下，制作这种比萨不加马苏里拉奶酪。
- **鲑鱼比萨**：马苏里拉奶酪，出炉时加入烟熏鲑鱼薄片和芝麻菜。通常情况下，制作这种比萨不加番茄。
- **安蒂卡比萨**：马苏里拉奶酪、马背奶酪（或者斯卡莫扎奶酪），出炉时加入科伦纳塔猪膘。

●主厨建议

尽情发挥您的想象力。比萨可以有各种各样的版本。

罗马式比萨

　　这种在一个大盘中制作比萨的做法是20世纪50年代的一个罗马面包师发明的。这本是他们提高产量的诀窍。如今，方形比萨在意大利各类面包店中均有售卖。

方形比萨（以食用牛肝菌、香肠和芝麻菜作配料）★★
Pizza al taglio porcini, salsiccia e rucola

使用一个规格为30厘米×40厘米的铁皮盘

准备时间：8分钟
烘焙时间：20分钟

配料

600克比萨面团（详见第31页）
（也就是2个那不勒斯比萨面团）
300克比萨用番茄酱（详见第32页）
（也就是2份比萨番茄酱）
300克比萨用马苏里拉奶酪（详见第32页）
（也就是2份比萨马苏里拉奶酪）
1根蔡珀拉特细香肠或者图卢兹原味香肠
（切成小块）
1片食用牛肝菌薄片
少许橄榄油
50克芝麻菜

用手摊开比萨面团。给铁皮盘涂上油。
将球形比萨面团放在撒了面粉的台板上并且用手拉宽（图1）。
将其放在铁皮盘上，铺开直至盖满整个铁皮盘并稍稍捏出一圈边缘（图2）。
借助大汤勺或者小勺在上面均匀涂抹番茄酱（图3）。
依次放入配菜：碎屑状的马苏里拉奶酪、香肠块（图4）、食用牛肝菌并加入少许橄榄油。
将其放在烤炉最低一层，用200℃（调节器6/7挡）（炉底或炉顶模式）高温烘焙。
出炉时，用几片芝麻菜叶装饰（图5），切成几份并立即品尝。

福卡恰比萨

　　福卡恰比萨是一种富含橄榄油的比萨。这种比萨既有原味的，又有在原味基础上加入配菜的不同版本，名称各异，遍布意大利各个区域。最著名的可能就是热那亚福卡恰比萨。

热那亚福卡恰比萨 ★ ★ ★
Focaccia genovese

使用一个规格为30厘米×40厘米的铁皮盘

准备时间：45分钟
发酵时间：3小时
烘焙时间：20分钟

配料

30克新鲜酵母
350毫升水
2咖啡匙红糖或蜂蜜
600克T55面粉
140克橄榄油
15克盐
1汤匙粗盐

将酵母溶解于100毫升常温水中，加入红糖和100克面粉（图1）并静置1小时。

将其倒入和面机（或大器皿）中（图2），加入剩下的面粉、剩下的水、盐和40克橄榄油。启动和面机并搅拌10～15分钟。从和面机中取出面团（第38页图3），揉成球形，将其放入器皿中，用湿抹布盖上并发酵1小时。

往烤盘中倒入30克橄榄油并撒上少许细盐。从器皿中取出面团并放在涂油的烤盘上，将其揉成规则的形状并用指尖铺开（第38页图4）。

借助刷子涂上橄榄油和水（油、水等量混合）。盖上湿抹布，发酵2小时（第38页图5）。

发酵好用手指在面团上压出小坑（第39页图6），在小坑内撒满粗盐，再涂上橄榄油和水。

确保表面足够湿润后将福卡恰放入烤炉，在200℃（调节器6/7挡）高温下烘焙20分钟。

出炉时，从烤盘上取下福卡恰（第39页图7）并放在烤架上，再在表面涂上水和橄榄油的混合物。

3

4

5

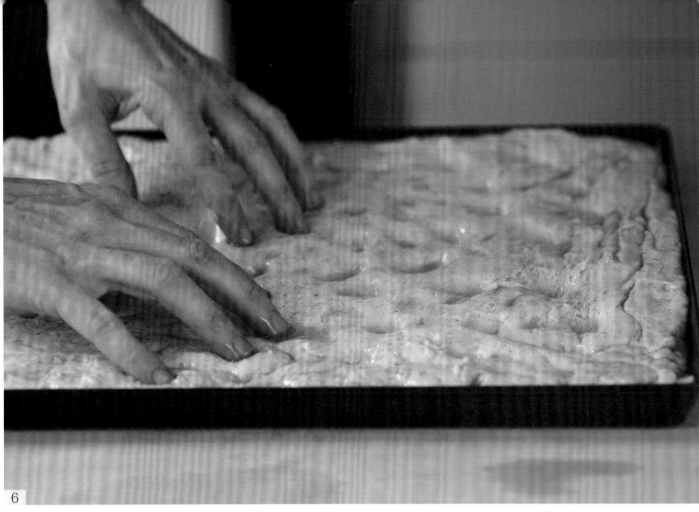

6

7

番茄

番茄

在意大利，番茄以金苹果"pomodoro"［根据植物学家皮埃特罗·安德里亚·马蒂奥利（Pietro Andrea Mattioli）在1544年的说法，即mala aurea］之名而被人们所熟知，因为最初传到意大利的番茄品种呈黄色，故得此名。稍晚些时候，红色品种的番茄才传播到意大利各地。17世纪起，番茄先是被南部的穷人所食用，后来成为民间美食的象征。接着，番茄被传播到了意大利的其他地区，丰富了许多地方菜肴。

番茄酱拌意大利面是由那不勒斯人发明的，这种做法于1837年第一次出现在那不勒斯人伊波利托·卡瓦尔坎蒂（Ippolito Cavalcanti）的作品《烹饪理论与实践》（*Cucina teorico pratica*）中，这部作品证明了这是一道流传已久的菜肴。

18世纪起，科学家拉扎罗·斯帕拉捷（Lazzaro Spallanzani）发现了番茄的保存方法，将番茄制成罐头，其味道和外形都不会遭到损坏。这种工业由此蓬勃发展起来。第一家意大利番茄酱工厂由弗朗西斯科·奇里奥（Francesco Cirio）在都灵创办。他关于食品保存的观念富于创新性，其在1867年的巴黎世博会上获得了大奖。自此，番茄成了食品加工业的重要原料：番茄干、盒装去皮番茄、番茄汁、番茄浓汁、番茄酱（纯番茄酱或芳香番茄酱、番茄沙司等）和番茄果汁。

如今，人们种植的番茄超过300种，形状各异：圆的、扁的、椭圆的、长的（如圣马扎诺番茄、罗马番茄等）、光滑的或者有凸纹的（如牛心番茄等）。番茄还可分为生食番茄和罐装番茄。在意大利，某些番茄产自法定产区。这是一些质量上乘的古老品种，不太适应工业市场。其中有圣马扎诺番茄、维苏威小番茄、费亚切多番茄和帕基诺番茄。

番茄是一种夏日水果。虽然全年都在种植，但是番茄的最佳成熟期在八九月之间。这个时期的番茄最为鲜美和甘甜。优质的番茄颜色鲜亮，散发着香味，结实又不致太过坚硬。番茄应该常温保存，房间内不要太过干燥，千万不要放进冰箱。

罐头食品

去皮番茄 ★
Pomodori pelati

制作去皮番茄罐头，传统上选用圣马扎诺番茄。如果没有，您也可以选用另一种长番茄。

制作1罐 （250毫升）

准备时间：10分钟
烹饪时间：1分钟＋罐头消毒时间

配料

8～12个圣马扎诺番茄 （约1千克）
几片罗勒叶
盐

清洗番茄并将其浸入沸水中煮1分钟（图1），接着放入冷水中并去皮（第43页图2、图3）。将去皮番茄与罗勒叶和盐交替放入完全干净的罐头中（图4）。将食材压实以充分排出番茄间的气泡。盖上罐头盖并将罐头放入沸水中煮沸消毒30分钟（第43页图5）（重250克的罐头需30分钟；500克的需45分钟；1千克的需1小时）。如果番茄汁水不多，您可以制作少许盐卤加入罐头。每升水加30克盐，把水煮沸后冷却，即可制成盐卤。

1

番茄汁 ★
Salsa (o passata) di pomodoro

制作番茄汁，最好选用充分成熟、露天种植、夏末购买的番茄。

制作1罐 （250毫升）

准备时间：10分钟
烹饪时间：1分钟＋罐头消毒时间

配料

8～12个圣马扎诺番茄（约1千克）
几片罗勒叶
盐

清洗番茄，将其浸入沸水中煮1分钟并去皮。将番茄放入有柄平底锅中烧煮，直至其稍稍融化，并撒盐。将其放入绞菜机中，绞碎后再倒回锅中，和罗勒叶一起烧煮。把水烧沸，随后关火。将番茄汁倒入消过毒的干净的广口罐头瓶中。盖上罐头盖并将罐头放入沸水中煮沸消毒30分钟（250克的罐头需30分钟；500克的需45分钟；1千克的需1小时）。

●主厨建议

您可以根据您的口味用其他香料给番茄汁提味：蒜、洋葱、牛至、百里香等。
您可以根据这份基础食谱，将所有这些配料和罗勒叶一起放入锅中。

油浸番茄干 ★
Pomodori secchi sott'olio

番茄干主要产于意大利南部，特别是在卡拉布里亚、西西里、普利亚和利古里亚。

一般选用长番茄（圣马扎诺番茄类型），最好是用阳光晒干的，即将番茄切成两半、撒盐并放在木筛子上，在日光下晾晒（夜晚则取回避免受潮）一周直至完全失去汁水制作而成。

在您家里，这步操作也可在烤箱中进行。

将番茄放在铺好烘焙纸的烤盘上，加少许橄榄油调味，撒盐，并放入烤箱，在100℃（调节器3/4挡）高温下烘焙约8小时。

您可以将其稍稍再水化，放在小面包片上食用，或者用它来使酱料味道更加浓郁；您也可以将其制成油浸罐头作为开胃菜或配菜品尝。

制作1罐 （250毫升）

准备时间：20分钟

配料

足量的番茄干
几片罗勒叶
2瓣蒜
足量的橄榄油

将番茄干（第45页图1）与罗勒叶和小蒜片交替放入广口玻璃瓶中（第45页图2）。压紧所有食材并浇满橄榄油（第45页图3）。用刀刃沿着广口瓶的内壁并消除可能产生的气泡（第45页图4）。等待15天即可食用。
如果加入橄榄油前番茄太干了，您可以将其在醋和冷水的混合液体（比例为2：1）中浸泡10～20分钟，稍微再水化。接着再使其充分晾干。

●主厨建议

您可以根据您的口味，加入胡椒粒、干辣椒、加盐的刺山柑花蕾、鳀鱼、野生茴香籽、牛至等。

糖渍番茄 ★★
Pomodori canditi

　　糖渍番茄用途多样：可作装饰，可作调味品，可代替新鲜番茄，可作为罐头，亦可作为配菜，还具有外观美丽、保存时间长的优点。

制作1罐　（250毫升）

准备时间：10分钟
烹饪时间：2小时

配料

1千克小番茄
橙子皮
柠檬皮
1汤匙百里香
1汤匙牛至
1汤匙糖
5汤匙橄榄油
盐、胡椒

清洗番茄并加入所有配料调味（图1、2、3）。将其摆在铺好烘焙纸的烤盘上并放入烤箱，在100℃（调节器3/4挡）高温下糖渍2小时（图4）。将其倒入广口瓶中并浇满橄榄油。放入冰箱可保存10天。提前给广口瓶消毒则可保存更长时间。

以番茄作原料的酱料

以番茄作原料的酱料已经成为意大利美食的象征。它们可以搭配各种各样的主菜：意大利面、团子、玉米粥、面包（烤面包或软面包）。

制作这些以番茄作原料的酱料，夏天时应选用新鲜番茄，冬天时应选用番茄罐头。后者在番茄成熟时采摘并被立即放入罐头中，因而品质更佳，如果罐头品质上乘，会更加甘甜、更加可口。只有在夏天，尤其是八九月之间，您才可以在市场上购买熟透的红色番茄来制作酱料。

至于番茄罐头，需选择汁浸去皮番茄，而非水浸。这种罐头一般是酸性的。只需将番茄用插入式搅拌器搅拌，即可制成番茄汁。您可以通过控制搅拌器的力度和搅拌时间来调节番茄汁的浓度。

至于番茄酱的制作，可以把番茄只煮几分钟，也可以煮上超过2小时，使果汁蒸发，但两者的结果会大不相同。第一种情况下，制成的酱料鲜美而清淡。第二种情况下制成的酱料被称为"stracotto"，这种酱料更加浓郁、可口和黏稠。

番茄罗勒酱 ★
Pomodoro e basilico

这是最简单、最经典的一种番茄酱，20分钟内即可制成，需选用新鲜番茄或番茄罐头。

4人份

准备时间：10分钟
烹饪时间：15分钟

配料

1.2千克熟透的番茄
或者400克盒装去皮番茄
1瓣蒜
几片罗勒叶
4汤匙橄榄油
盐

清洗番茄并去皮（用番茄削皮刀削皮或者将其浸入沸水后剥皮），去除果柄和果芯（如果您愿意，也可去籽）。
把蒜捣成蒜泥。将番茄放入有柄平底锅中，同时放入蒜泥、碎罗勒和橄榄油。
加盐并烧煮15分钟。将其倒入绞菜机中进一步绞碎（如果您更喜欢粗酱料，则可省去这一步骤）。用这种酱料给意面调味时，可加入擦成丝的帕尔马奶酪。
某些情况下，比如给团子或者鸡蛋鲜意面调味时，您完全可以用黄油代替橄榄油。

• **海员式番茄酱**：用碎香芹代替罗勒。

• **番茄辣酱**：放入捣碎的小鸟干辣椒，和蒜一起烧煮，最后加入碎香芹，以代替罗勒。

• **比萨伊奥拉番茄酱**：用碎香芹和牛至代替罗勒。

生番茄酱 ★
Salsa crudaiola

这是一种适合夏天食用的酱料，以生番茄作原料。番茄品质越好，制成的酱料味道就越佳。

4人份

准备时间：10分钟

配料

600克熟透的番茄
1瓣蒜
几片罗勒叶
4汤匙橄榄油
盐
辣椒（非必需）

清洗番茄并去皮（用番茄削皮刀或者将其浸入沸水中）（图1），去除果柄和果芯（如果您愿意，也可去籽）。

将番茄切成丁或块状并放入沙拉盆中。加入蒜泥（图2）和碎罗勒调味。用这种酱料给意面调味时，可加入擦成丝的帕尔马奶酪。

您也可以用这种酱料搭配冷意面、鱼或者烤肉，亦可将其抹在烤面包片上制成面包干（bruschette）。

食谱应用

咸面包片 >> 第300页

番茄酱 ★
Sugo di pomodoro

这是一种稍稍复杂的番茄酱的制作方法。
加入蔬菜能够使番茄散发出更浓郁的香味。

4人份

准备时间：15分钟
烹饪时间：30分钟

配料

1千克熟透的番茄或者400克去皮番茄
1个洋葱
1根胡萝卜
1根芹菜茎
4汤匙橄榄油
几片罗勒叶
盐

如果您选用新鲜番茄，请清洗番茄并去皮（图1）（用番茄削皮刀或者将其浸入沸水中），去除果柄和果芯（如果您愿意，也可去籽）。给蔬菜削皮，切碎（图2、3）并放入有柄平底锅中，用橄榄油煎炒（图4）。加入切成块的番茄和碎罗勒（图5）。加盐并烧煮30分钟。将其倒入绞菜机中进一步绞碎（图6）（如果您更喜欢粗酱料，则可省去这一步骤）。用这种酱料给意面调味时，要加入擦成丝的帕尔马奶酪。

●主厨建议

如果酱料对您来说太酸了，可以加入少许小苏打或1咖啡匙糖调整。

那不勒斯式番茄酱 ★
Sugo di pomodoro alla napoletana

这里介绍世界上最受欢迎的一种酱料。

其中番茄酱仅仅只是用碎洋葱（提升口感）和几片罗勒叶作点缀。

4人份

准备时间：10分钟
烹饪时间：30分钟

配料

1千克熟透的番茄或400克去皮番茄
1汤匙橄榄油
1个洋葱
几片罗勒叶
几片香芹叶
盐

如果您选用的是新鲜番茄，请清洗番茄并去皮（用番茄削皮刀或者将其浸入沸水中），去除果柄并切成块状（如果您愿意，也可去籽）(图1)。把洋葱切碎（图2），将其放入有柄的平底锅中，用橄榄油煎炒，并加入罗勒叶和碎香芹叶（图3）。加盐并烧煮30分钟。将其倒入绞菜机中进一步绞碎（图4）（如果您更喜欢粗酱料，则可省去这一步骤）。用这种酱料给意面调味（图5）。

番茄肉糜调味酱★★
Ragù alla bolognese

番茄肉糜调味酱，通常被称为"ragù"。和那不勒斯式番茄酱一样，它可能是世界著名的番茄酱。在意大利，这种酱料有无数种版本，每个大区、每个省乃至每个家庭，都有各自的制作方法。

1982年，番茄肉糜调味酱的制作方法在博洛尼亚商会注册原产地命名保护。

6人份

准备时间：50分钟
烹饪时间：3小时

配料

150克意大利咸猪肉
1个洋葱（约120克）
1根胡萝卜（约80克）
1根芹菜茎（约60克）
300克牛排骨或者碎牛胸肉
（需要选用1块肥牛肉来增加酱料的滑腻度）
125毫升红葡萄酒或干白葡萄酒（桑娇维塞葡萄酒正是理想之选）
100毫升牛肉汤
5勺番茄汁
20克番茄浓汁
250毫升全脂牛奶
盐、胡椒

将意大利咸猪肉剁碎并放入有柄平底锅中用中火油煎15分钟（图1）。

清洗蔬菜并去皮。将蔬菜切碎并加入咸猪肉中（图2），（用咸猪肉的肥肉或者用橄榄油、黄油或两者一起）煸炒蔬菜，直至其呈半透明状（第53页图3）。把火开到最大并加入碎肉干炒（这对于制成美味可口的番茄肉糜调味酱至关重要）。

倒入葡萄酒融化锅底的焦糖酱（第53页图4），使其水分蒸发。在此期间，用另一个平底锅加热牛肉汤并将番茄汁和番茄浓汁溶于其中。将牛肉汤倒入盛肉及菜的锅中。撒盐，加胡椒并改用文火烧煮，其间当酱料开始变干时，就一点点加入牛奶。

烧煮至少3小时，直至酱料足够浓稠（第53页图5）。

和鸡蛋切面、擦成丝的帕尔马奶酪或烤千层面一起食用。

●烹饪须知

这种酱料可在冰箱保存数日，重要的是，酱料一旦制成就要迅速使其冷却，以防变酸。这道料理也十分适合在冷冻柜中保存。

其他版本

· 番茄肉糜调味酱可以和四季豆一起食用，既可以在烧煮快结束的时候在酱料中加入四季豆，也可以单独烧煮。

· "脱脂"番茄肉糜调味酱越来越常见。制作时则用脂肪含量低的碎牛排代替牛排骨。

· 番茄肉糜调味酱十分适合用剩肉制作。最常用的肉是猪肉、小牛肉和鸡肉，有时也用马肉或羊肉，皆需剁碎后使用。每种肉都会给酱料带来各具特色的风味。

· 食谱不同，番茄汁的分量也不同。在这份食谱中，番茄汁的分量很少，您可以根据需要增加分量，制成的番茄肉糜调味酱口味也会不同。

· 博洛尼亚食谱规定要在酱料里加入全脂牛奶，您可以用牛肉汤代替，这样可以降低酱料的脂肪含量。

· 意大利咸猪肉也可以用30克黄油或2汤匙橄榄油代替。

· 番茄肉糜调味酱在传统上和鸡蛋切面搭配食用。鸡蛋切面也是博洛尼亚的一种特产。在世界各地，博洛尼亚酱料常搭配细面条食用，细面条是意大利南部面条的典型代表。这种食用方法其实是对意大利美食的误解。

干面条

用硬质小麦粗面粉制成的面条

意大利生产干面条的历史大约可以追溯至伊特鲁里亚时代，塞尔维托里公墓中的壁画（公元前4世纪）即可印证这一点。最初，面条（lagane）都是在烤炉中烘焙而成的，直至中世纪，人们才开始用水煮面。用这种方法制作的面条，其硬度和味道都和现在的面条没有太大的差别了。同样是在中世纪，意大利出现了首批制作面条的手艺人。首先出现在巴勒莫，接着在那不勒斯和热那亚，一个世纪以后，又在普利亚和托斯卡纳出现。此外，面条的制作在很长一段时间内和港口城市紧密相关。这些港口城市拥有自然通风的条件，可以缓缓晾干面条以便更好地保存。一个又一个世纪过去了，烹饪的程度随着时间的流逝而变化。最初会将作为肉食配菜食用的面条煮烂，从17世纪起，面条成为主菜并且口感越来越筋道（al dente）。19世纪时，人们发现番茄酱是面条的理想搭配。

所谓的干面条是以硬质小麦粗面粉和水为原料制作的，主要以工业方式生产。生产时，挤压机通过一个铜制模具挤压面团并将面团加工成需要的规格。这种工艺生产出的面条表面凹凸不平，可以"留住"酱料。小麦和水的品质越好，面条的品质就越好。铜制模具适宜的尺寸和质量，以及持久、自然的干燥过程，对面条的品质来说也十分重要。不论是机器面还是手工面，只有长时间的烹饪，才能制作出美味的面条。

面条的规格

干面条可以分为7种子类型：
- **实心圆截面长面条：**（各种直径的）细面（vermicelli）*、特细面条（spaghettini）、细面条（spaghetti）等。
- **空心圆截面长面条：** 水管面（bucatini）、大号空心面（zite）等。
- **长方形或扁圆形截面的长面条：** 窄扁条干面条（trenette）、长扁面（linguine）、细扁面（bavette）、丝带面（fettuccine）、细宽面（tagliolini）、切面（tagliatelle）等。
- **又长又宽的面条：** 传统宽面（pappardelle）、小波浪面（reginette）、千层面（lasagne）等。
- **光滑的短面条：** 平面斜切通心粉（penne lisce）、螺丝面（eliche）、圆筒面（paccheri）、螺旋面（fusilli）、蝴蝶面（farfalle）等。
- **有条纹的短面条：** 细管形通心粉（sedanini）、粗螺纹短管面（tortiglioni）、粗纹通心面（rigatoni）、纹面斜切通心粉（penne rigate）等。
- **小面条：** 燕麦面（avena）、小米粒面（risi）、星星面（stelline）等。

商店里还有很多添加其他成分的特制面条。除了硬质小麦粗面粉，还含有其他面粉（栗面、藜麦面、似双粒小麦面等）、食用色素和其他天然香料（墨鱼墨汁、松露、辣椒等）。此外还有营养面条，这种面条的某些配料被替换了，以避免消费者对麸质或过量的盐产生过敏反应。

---

*译者注：vermicelli在意大利比spaghetti稍粗，在美国比spaghetti稍细。

成功制作面条的建议

1.根据要搭配食用的酱料选用不同规格的面条。比如，细面条适合搭配油或黄油，传统宽面条适合搭配番茄肉糜调味酱，而像粗纹通心面这样的短面条则十分适合用烤箱烹饪。

2.煮面条时在一个大平底锅中加入大量水。每100克面条需1升水和10克盐。水量千万不要少于4升。待水煮开后再加入盐，以免延缓水的沸腾。将面条下到沸水中，煮面的时间从水重新开始沸腾起计算。

3.在煮面的过程中，应当将面条搅拌2～3次。这样可以避免面条粘在一起或者粘在锅底，还可以使面条均匀受热。将面条下到水中，水重新沸腾30秒后搅拌面条。煮面过程中再搅拌一次，如果煮面时间过长，则再搅拌两次。

4.煮宽面条前先在水里加少许油。煮其他面条时最好不要在水里加油，以免形成一层油膜，妨碍面条对酱料的吸收。

5.不要把面条煮得太烂，这样更易消化，也更加可口。如果您需要将其放入烤箱，就提前几分钟把水沥干。

6.用漏勺把面条沥干。加入调味品并立即食用。

7.最好的调味方式是将面条放入长柄平底锅中，用酱料煎炒几分钟后再食用。这样可以保证酱料和面条均匀混合且温度相同。面条沥干后立刻和热酱料一起倒入长柄平底锅中。不要因为还要在平底锅中煎炒就不把面条煮熟，因为这段额外的烹饪时间十分短暂。不过前提是选用的面条品质上乘。

如今，一种新型煮面方式逐渐得到认可，这就是"risottata"工艺，这种工艺采取烩饭的方式煮面。将面条和酱料一起放在平底锅中烹饪，需要时加入一大勺水，直至面条完全煮熟。这个过程可以使面条充分吸收酱料的香味。

8.预留少许面汤用来溶解酱料，以便面条更好地吸收酱料，尤其是在酱料太干的情况下。

9.可以将剩面条和少许帕尔马奶酪、番茄酱、奶油调味酱制成烤面条或者（用千层面或黄油面团）制成圆馅饼（timballi）。制作圆馅饼时，除了奶油调味酱、番茄酱和帕尔马奶酪，还可以加入一些猪肉丁（如香肠、意式猪牛肉大香肠、火腿等）或者各种各样的奶酪（如斯卡莫扎奶酪、芳提娜奶酪、马苏里拉奶酪等）。您也可以将其制成煎蛋卷。

10.充分利用肉、鱼和蔬菜的汤汁来给面条调味。这些汤汁酱料既方便又经济。

传统酱料

大蒜橄榄油辣椒酱 ★
Aglio, olio e peperoncino

这是一种拌细面条的酱料，又被称为"午夜酱"，是意大利人所喜爱的美食。一个意大利人一生中至少制作过一次大蒜橄榄油酱拌面条。

4人份

准备时间：10分钟

烹饪时间：10分钟＋煮面时间

配料

2瓣蒜

200毫升橄榄油

1根大红辣椒（新鲜或干燥）

盐、胡椒

用于搭配500克细面条（spaghetti）、特细面条（spaghettini）或者细面（vermicelli）一起食用

切开辣椒并去籽（图1）。当然，辣椒切得越细碎，香味和辣味就越浓郁。

在长柄平底锅中，小火煎炒去皮蒜泥、橄榄油和辣椒（图2）。注意不要让蒜着色。

煮好面并沥干水，将其放入热酱料中，加入2匙面汤煎炒（图3）。立即食用。

●主厨建议

如果您提前去除辣椒籽，辣椒的辣味就会减轻不少！

青豌豆火腿酱 ★
Piselli e prosciutto

这是食堂的代表食谱之一，最受孩子欢迎！

4人份

准备时间：10分钟
烹饪时间：10分钟 + 煮面

配料

1个洋葱
40克黄油
300克剥去豆荚的青豌豆
1片80克的熟火腿
250毫升稀奶油
盐、胡椒粉

用于搭配500克蝴蝶面（farfalle）、笔管面（penne）或螺旋面（fusilli）一起食用

将洋葱剥皮并切成薄片。在长柄平底锅中用黄油煎炒洋葱（图1）。待洋葱呈半透明状，加入青豌豆（图2），撒盐并加入2汤匙水。烧煮约10分钟。加入切成丁的火腿、奶油（图3）和胡椒粉，再烧煮1分钟，关火。煮好面并沥干水，将其放入长柄平底锅中，用酱料和2勺面汤煎炒。立即食用。

●烹饪须知

在意大利，人们经常用烟熏鲑鱼代替青豌豆和火腿。您也可以用马斯卡彭奶酪代替奶油。

海鲜酱★★
Scoglio

Scoglio（海鲜酱）的字面意思是"礁石"，搭配这种酱料的面条也被称为"海盗面"或者"冒险家面"。制作海鲜面的关键在于用至少四种不同的海鲜作配料。海鲜面或呈红色（含番茄），或呈白色（bianche）（没有番茄）。

4人份

准备时间：40分钟
脱盐时间：1小时
烹饪时间：10分钟 + 煮面时间

配料

400克缀锦蛤（或樱蛤或蚶子或竹蛏）
400克贻贝
50毫升橄榄油
3瓣蒜
120毫升白葡萄酒
4只枪墨鱼
4只海螯虾
1棵分葱
1个辣椒
400克熟透的小番茄
1汤匙番茄浓汁
2汤匙碎香芹
盐

用于搭配500克细面条（spaghetti）、特细面条（spaghettini）、圆筒面（paccheri）、长扁面（linguine）一起食用

将缀锦蛤在一大盆冷盐水中浸泡1小时。时不时搅拌，使沙子沉底。

清洗贻贝，用大量水冲洗，用长柄平底锅加热2汤匙橄榄油，并放入贻贝与捣成泥的1瓣蒜、2汤匙白葡萄酒，把火开大（图1）。

当贻贝壳大开时，保温备用，并过滤煮出的汁水（图2）。

对缀锦蛤重复同样的步骤。

在长柄平底锅中，加热2汤匙橄榄油并煎炒提前切好的枪墨鱼和捣成泥的1瓣蒜。用2汤匙白葡萄酒融化锅底的焦糖酱。在另一个平底锅中，用2汤匙橄榄油煎炒海螯虾（图3）。保温备用。

在长柄平底锅中，用2汤匙橄榄油煎炒分葱碎和辣椒，加入切成两半的番茄（图4）、1汤匙番茄浓汁和2汤匙水，烧煮几分钟。

将面条煮至十分筋道并保留一部分面汤。将面条和番茄酱一起放入长柄平底锅中，加入过滤出的贝壳汁水、贻贝、缀锦蛤和少许面汤，烧煮2分钟。加入海螯虾和枪墨鱼并搅拌混合。撒上碎香芹并趁热食用。

卡莱提拉酱 (版本1) ★
Carrettiera

卡莱提拉酱（Carrettiera）得名于"赶大车的人"，这些人过去在全国各地运输商品。下面介绍的版本出自著名的艾达·博尼（Ada Boni）写的《幸福的护身符》（*Talismano della felicità*），这是一本意大利美食参考书，初版于1929年。

4人份

准备时间：10分钟
烹饪时间：10分钟 + 煮面时间

配料

180克意大利咸猪肉
100毫升橄榄油
100克擦成丝的佩科里诺奶酪
碎香芹
盐、胡椒

用于搭配500克细面条（spaghetti）、特细面条（spaghettini）、细面（vermicelli）一起食用

将意大利咸猪肉切成条状，放入长柄平底锅中，用橄榄油煎炒，直至猪肉炒出金黄色（图1）。
将面条煮至十分筋道，把水沥干，并将面条放入长柄平底锅中，用咸猪肉和佩科里诺奶酪煎炒。
加入极少量盐和一些胡椒粉（图2）。
撒上碎香芹并立即食用。

卡莱提拉酱 (版本2) ★
Carrettiera

这是一种现代版本的酱汁，如今在意大利流传最广。

4人份

准备时间：10分钟
烹饪时间：10分钟 + 煮面时间

配料

30克食用干牛肝菌
1瓣蒜
100毫升橄榄油
80克油浸金枪鱼
100克番茄酱
碎香芹
盐、胡椒

用于搭配500克细面条（spaghetti）、水管面 (bucatini)、笔管面（penne）、螺旋面（fusilli）一起食用

为了再水化，将食用干牛肝菌在温水中浸泡15分钟左右，然后再脱水。

在长柄平底锅中，用橄榄油煎炒脱水食用牛肝菌和蒜片（图1）。1分钟后，加入金枪鱼（图2）和番茄酱（图3）。撒盐，加入胡椒，烧煮5分钟。

将面条煮至十分筋道并把水沥干。用酱料煎炒沥干的面条。撒上碎香芹并立即食用。

波斯凯奥拉酱 ★
Boscaiola

　　这种酱料（Boscaiola）的字面意思是"森林"，也就是说这是一种"山珍"酱，与海鲜酱相对。制作方法简单，味道可口，以蘑菇作原料。

4人份

准备时间：20分钟

烹饪时间：15分钟＋煮面时间

配料

500克巴黎蘑菇（或者食用牛肝菌）
150毫升橄榄油
1个洋葱
1瓣蒜
50毫升白葡萄酒
300克去皮番茄
70克烟熏火腿
1勺松子
2汤匙碎香芹
100毫升稀奶油
盐、胡椒

用于搭配500克笔管面（penne）、水管面（bucatini）、细面条（spaghetti）、切面（tagliatelle）、团子（gnocchi）一起食用

清洗蘑菇并在冷水下快速冲洗。将蘑菇切成小薄片并放入长柄平底锅中，用2汤匙橄榄油、洋葱和蒜泥煎炒（图1）。加入白葡萄酒，融化锅底的焦糖酱。

水分蒸发后，加入去皮番茄（用餐叉剁碎或压碎），撒盐并加入胡椒，盖上锅盖，用文火慢炖15分钟。

将烟熏火腿切成小薄片并放入另一个长柄平底锅中，用1汤匙橄榄油和松子煎炒（图2）。待酱料制成，再加入烟熏火腿、香芹和奶油（图3）。

将面条煮至十分筋道并把水沥干，将面条放入长柄平底锅中，用酱料煎炒。立即食用。

鲜面条

鲜面条

面条的起源

面条的起源可追溯至7000年前，那时是农业社会早期，人们将谷粒磨碎，和水揉成薄片状，再将其放在热石上烤熟。如今马格里布地区仍使用这种被称为"Trid"的制作方法。整个亚洲地区也采用这种做法来制作米纸。在意大利，由这种最原始的方法衍生出了三种以谷物作原料的料理：面包、"puls"（用似双粒小麦粗面粉和水为原料制作的典型罗马料理，玉米粥的前身）和面条。面条的历史轨迹难以追溯。尽管阿比修斯和卡顿的作品中或多或少有一些对面条的写实描述，但目前我们没有任何伊特鲁里亚人、罗马人或希腊人吃面条的证据。带馅面制品也在中世纪蓬勃发展起来。最初，这是一种用面团和各种各样的配菜制成的小馅饼，仅供1人食用，由此逐渐诞生了小方饺、环状饺等。16世纪时，美第奇家族的卡特琳娜嫁给了亨利二世，面条因此传入法国。

"薄片状"面条和"线状"面条

如今我们所熟知的线状面条于中世纪出现。在1154年的一部作品中，西西里国王罗杰二世的地理学家阿尔-易德里斯（Al-Idrissi）首次描绘了一种以面粉和水作原料，切成线状的食物，他将这种食物命名为"itriyah"。这种食物由西西里的特拉比亚人制作并广受好评，又逐渐传播到地中海沿岸各地。1279年在热那亚，公证人乌格里诺·斯卡比（Ugolino Scappi）提到，一位已故者的财产清单中有一桶"通心粉"！

意大利流传着制作面条的两种不同方式："片状"鸡蛋面（这种面条最早出现在中部地区）和粗面粉制成的"线状"干面条（这种面条最早出现在盛产硬质小麦的南部地区）。第一种面条成了波河平原尤其是博洛尼亚的传统食物，第二种则在意大利被广为流传，不论是西西里，还是有得天独厚晾晒条件的港口城市（如巴勒莫、热那亚和那不勒斯）。

鲜面条和带馅面制品

鲜面条通常用软小麦面粉和鸡蛋制成，多为手工面。在某些地区，鸡蛋用水或葡萄酒代替。带馅面制品也属于这一类，在新鲜面皮内包上肉、鱼、蔬菜或者奶酪。

带馅或无馅面制品规格众多，著名的有300余种，其中有细宽面、切面、传统宽面、碎肉卷、小方饺、意式饺子、意式馄饨、迷你贝壳意面、尖头梭面、特飞面，等等。

面条的命名依据是截面的形状，但也与面条的成分有关，因此根据传统，不存在鸡蛋长扁面或者没有鸡蛋的切面。

制作面条的面团

面团的制作方法根据地区的不同而不同，因而一些地区的制作方法与原始的做法相差较大：在阿布鲁齐，人们用硬质小麦粗面粉、水和鸡蛋制成吉他弦意面（详见第326页），在伦巴第，人们用荞面制成荞麦干面（详见第217页）。

在面团里可以加入一些调味香料或者食用色素，比如橄榄油、墨鱼墨汁、香辛蔬菜、菠菜、可可豆等，还可以混合多种面粉（详见第79页的表格）。可以手工和面，也可以借助电子和面机。

分量

两人份平均需要100克软小麦面粉和1个鸡蛋。若是硬质小麦，则单人份需要100克硬质小麦粗面粉和50克水。以鸡蛋为原料的面条在烹饪过程中往往分量会加倍。

面条的分量与餐饭的构成有关，作为单道菜和带有配菜的面条分量会有所不同。至于带馅面制品和烤面，则应该在每人正常分量上减半。

烹饪

手工煮面，只需一点时间即可。无馅面制品需煮1～2分钟，带馅面制品需煮4～5分钟。烹饪时间因面皮的厚度不同而不同，即是否带馅，也因制作日期不同而不同。最好还是尝一尝。

用硬质小麦粗面粉制成的面条需要煮更长时间（根据干燥时间不同，煮8～15分钟不等）。

100克面条需用1升水，每升水需加10克盐。

保存

面条加工成形后应放入干燥器中，约1小时后，当面条快要碎的时候，就从干燥器中取出并放在一块干抹布上。您可以这样将鸡蛋鲜面条在冰箱保鲜层中保存3～5天或是在冷冻柜中保存3个月。

稍厚一些的不含鸡蛋的面条，一经干燥，就可以在室温下保存1周左右。

带馅面制品只能在冰箱保鲜层中保存2天，不过可以在冷冻柜中保存3个月。

制作面条的面团 ★
Pâte à pâtes

这里介绍的是制作鸡蛋鲜面条的基本方法，不论将面团切割、加工成什么形状，都以此为基础。在此基础上，可以根据需要加入调味香料或食用色素，本书第79页的表格对此有详尽说明。

4人份

准备时间：20分钟
醒面时间：30分钟

配料

200克T55面粉
2个鸡蛋（普通大小）

将面粉放在一个光滑的台面上称重并过筛，最好是木制台面或是一个盆中，在面粉中间挖一个小坑。
将2个整鸡蛋（和其他想加入的食用色素或调味香料）倒入中间的小坑，轻轻搅拌。用手指或餐叉把配料渐渐掺和到面粉里，注意不要溢出来。
待面粉和配料融合后，用手尽力按压，将其揉成一个面团，直至面团十分光滑和均匀（需要10～15分钟）。用食品保鲜膜将面团包好，静置半小时。

您可以手工擀面

在台面上撒上面粉，最好是木制台面，用木制擀面杖在台面上将面团从里到外擀开。
时不时将面团旋转90度并上下翻转。发现面团快要粘在台面上时就撒上面粉（但是不要撒太多，否则面团很难擀开）。一直擀制面团至其呈一张薄而透明且均匀的面皮。这时您就可以将面皮切成您想要的形状。

您也可以用压面机压面

将面团分成几块并放入压面机，缩小面团的厚度。前两次放入压面机时，每次均需压制两次。压成面皮后您就可以将面皮切成您想要的形状。

切面 ★
Tagliatelle

"切面"（tagliatella）这个单词来自"tagliare"这个动词（在意大利语中意为"切割"）。一根博洛尼亚切面的标准宽度是8毫米，1972年，这个规格在博洛尼亚商会注册，该商会还在首饰盒里保存着一根标明尺寸的金制切面。这个首饰盒成了博洛尼亚商会的象征！

4人份

准备时间：20分钟
干燥时间：15分钟
烹饪时间：2分钟

配料

1份面团（基础食谱）≈300克

制作面条的面团（详见左侧）

手工切面：将面团放在台板上纵向擀开，注意应一直沿着相同的方向擀制。然后用刀将这些面团再切成宽8毫米的切面。拿起切面的两端并摊开。在面条上撒面粉并将其放入干燥器或抹布上晾干。

压面机切面：干燥一会儿后（10～15分钟），当面团快要碎的时候将其放入压面机，加工成想要的形状，切成切面或细宽面。在面条上撒面粉并放入干燥器或抹布上晾干。

在大量沸水中将切面煮1～2分钟并把水沥干。

●烹饪须知

您可以将面皮切成宽2.5～3厘米的传统宽面，也可以切成宽4～5毫米的细宽面。

●主厨建议

切面的理想配菜自然是番茄肉糜调味酱，这正是博洛尼亚的传统（详见第52页）。

带馅面制品

小方饺 ★ ★
Ravioli

小方饺是意大利各地都制作的一种带馅面制品。每一个大区、每一个村庄、每一个家庭，都有各自制作面团、馅和酱料的方法！对语言纯洁主义者而言，用意大利语说"小方饺"应当说：一些"ravioli"（没有"s"）或一个"raviolo"。小方饺通常是方形的，但也有圆形的、三角形的、半月形的或者其他各种形状的。小方饺的名称因形状和馅的不同而不同。

6人份

准备时间：1小时
烹饪时间：4～5分钟

配料

1份面团（基础食谱）≈300克
馅
200克熟菠菜
200克里科塔奶酪
1个鸡蛋
50克帕尔马奶酪
肉豆蔻
盐、胡椒

制作面条的面团（详见第69页）

制作饺子馅

在一个碗里将煮熟、沥干并切碎的菠菜和其他配料迅速混合在一起，直至制成均匀的饺馅。

将一张面皮（第71页图1）切成4条规格约为15厘米×50厘米的长条。

在长条的半边，沿着一条直线，用小勺或大汤勺放上饺馅，尽量使每份馅都分量相同并且间距相同（第71页图2）。

将没有放馅的半边对折过来，叠在放满馅的另一半上。将饺馅四周的面皮轻轻捏好，以排出气泡并使两半面皮完美黏合在一起（第71页图3）。

用一个轮状刀切割面皮，先是沿纵向切割，确保面皮各处都已对折好（第71页图4）；然后在小方饺之间切割，将小方饺分离开来（第71页图5），放在撒了少许面粉的抹布上。

在足量沸水中将小方饺煮4～5分钟（第71页图6）后用漏勺将小方饺捞出。

最初的长条面皮的大小和切割决定了小方饺的大小。

●主厨建议

为了将鲜面团加工成形，可以购买切面专用刀（一种边缘为锯齿状但不锋利的糕点刀具）或者不同大小、形状的糕点刀具和小方饺塑型盘。不过只用轮状刀一件工具就可以加工成各种各样的形状，而且方便在家中自制小方饺。这也是包小方饺最好的方法。

制作圆形饺可以使用玻璃杯，制作其他形状的饺子则使用相应形状的糕点刀具，使用时用刀具背面磨平切口并封好边缘。小心锋利的一面，使用时在下面垫上保护物！

如果小方饺边缘整齐干净且已封好，饺子内部也没有气泡，那么煮的过程中饺子就不会破裂，馅也不会掉出来。
确保准备的馅足够干燥，可以形成一个小丸子。

▌食谱应用
皮埃蒙特肉馅小方饺 >> 第196页

环状饺 ★ ★ ★
Tortellini

1974年，环状饺的制作方法由多塔意大利饺子联合会（Dotta Confraternita del Tortellino）和意大利美食学院申请，在博洛尼亚商会注册。这里介绍的食谱是最接近原版的。环状饺根据形状和馅可分成两种：小馄饨（cappelletti）和小开口包（anolini），两者稍有差别。

根据传统，环状饺都是放入牛肉汤或肉鸡汤中食用，尤其要在圣诞节食用。

6 ~ 8人份
准备时间：1小时30分钟
烹饪时间：4～5分钟

配料
1份面团（基础食谱）≈300克

馅
100克猪脊骨肉
10克黄油
1瓣蒜
1根迷迭香
100克博洛尼亚香肠
100克切成薄片的生火腿
1个鸡蛋
150克stravecchio*帕尔马奶酪（熟成30个月）
半咖啡匙肉豆蔻粉
盐、白胡椒
牛肉汤（详见第93页）或肉鸡汤

制作面条的面团（详见第69页）

锅中放入1小块黄油，将切成丁的猪脊骨肉（图1）和1瓣未剥皮的蒜、1根迷迭香一起煎炒几分钟（图2）。将香肠和火腿剁碎（图3）。
在剁碎的肉中加入鸡蛋、帕尔马奶酪、肉豆蔻粉、盐和胡椒（图4）。

*译者注：熟成一年半到两年的帕尔马奶酪被称为"vecchio"，熟成两年到三年的帕尔马奶酪被称为"stravecchio"。

将面皮擀开并切成几个直径为4厘米的小圆片或者边长为4.5～5厘米的小正方形（图5）。

在每个小圆片中间放少许馅（图6）。对折小圆片并且捏紧边缘（图7），然后将其再绕着手指卷一圈（第75页图8）。把两端接在一起并用力捏紧（第75页图9）。将环状饺放在干抹布上（第75页图10）。在肉汤中将环状饺煮至十分筋道（4～5分钟）（第75页图11）后食用。

● **主厨建议**

常见的一种做法是在加盐的沸水中煮环状饺，并搭配一种以稀奶油为原料制作的酱料一起食用。

4人份：将10克面粉溶解于10克融化了的黄油中，加入250毫升稀奶油、盐、胡椒，混合并烧煮几分钟。

脱脂馅

可以用鸡肉或小牛肉代替猪肉，这样可以减少环状饺的脂肪含量，不过味道也会大不相同。

"脱脂馅"是罗马涅环状饺的典型馅料，大部分由奶酪构成：300克里科塔奶酪、300克克雷森扎奶酪或佛萨奶酪、200克帕尔马奶酪、2个蛋黄、肉豆蔻、几片柠檬皮和盐。将其放入肉汤或融化了的黄油中食用。

用硬质小麦粗面粉
制成的鲜面条

16世纪以来，硬质小麦粗面粉制成的鲜面条多用机器制作，且机器日臻完善。不过，也可以手工制作一些短面条。每种面团的加工都有其特点。这种基础面团可以用来制作猫耳朵、迷你贝壳面或者特飞面。蝴蝶面在艾米利亚也被称作"strichetti"，这种面条由鸡蛋面团制成，面团中还需加入擦成丝的帕尔马奶酪和肉豆蔻。

蝴蝶面 ★
Farfalle

4人份

准备时间：40分钟
醒面时间：30分钟
烹饪时间：5～7分钟

配料

400克硬质小麦粗面粉
4克盐
200毫升水

在台板上或盆中撒上面粉，中间挖一个小坑。在中间的小坑中倒入盐和温水，渐渐掺入到面粉里，注意不要溢出来。待面粉和配料融合后，用手尽力按压揉成一个面团（图1），直至面团十分光滑和均匀（10～15分钟）。用食品保鲜膜包好面团，暂搁半小时。将面团擀开（图2），用边缘为锯齿状的轮状刀切成几个宽约6厘米的长条，再用边缘光滑的轮状刀或普通的刀将每个长条切成几个规格为6厘米×3厘米的长方形（图3）。捏住中间形成蝴蝶的形状（图4）。在加盐的沸水中煮熟面条（5～7分钟）并和奶酪香辛蔬菜酱（详见第78页）或其他您喜欢的酱料一起食用。

奶酪香辛蔬菜酱 ★
Quattro formaggi e erbe aromatiche

4人份

准备时间：10分钟

配料

450克各类奶酪
（150克戈贡佐拉奶酪、150克塔雷吉欧奶酪、150克格律耶尔奶酪）
200毫升稀奶油
30克黄油
150克擦成丝的帕尔马奶酪
10根欧芹
10根细香葱
80克开心果
盐、胡椒

在有柄平底锅中，用小火使奶酪融化于稀奶油和黄油中，尽量不要烧煮。加入盐和胡椒调味。
面煮熟后，在长柄平底锅中，将面条与酱料混合煎炒，放入盘中，撒上擦成丝的帕尔马奶酪。
用碎香辛蔬菜和碎开心果点缀。

黄油鼠尾草酱 ★
Burro e salvia

这是一种意大利经典的酱料，制作十分简便，可以充分突出家中自制鲜面食的风味，尤其是与小方饺（详见第70页）和土豆团子搭配食用（详见第83页）。

4人份

准备时间：5分钟

配料

100克黄油
10～15片新鲜鼠尾草叶
盐
擦成丝的帕尔马奶酪

在有柄平底锅中，用小火融化黄油，加入碎鼠尾草叶和1撮盐。
和擦成丝的帕尔马奶酪一起食用。

成功制作鲜面条的建议

· 面团不应该太过柔软，但要十分光滑。制作时，每100克面粉需要1个鸡蛋。不过，普通鸡蛋的大小在53～63克之间，面粉也或多或少有些潮湿（根据室内湿度和面粉新鲜程度而定）。因此有必要采取一些措施：如果面团在用力揉捏后仍然不能成形，这便意味着面团水量不足，一次加少许水，确保不要超过需要的分量；如果面团粘手并且不能再揉捏了，这便意味着面团面粉不足，一次加少许面粉。

· 最适合制作鲜面条的台面是用油松制成的木板，在木板上涂上一种食用油（葵花籽油、橄榄油等）并充分晾干。

· 擀面皮时，时不时将其旋转并翻转，确保每次擀面时，面皮没有粘在台面上。还要考虑到面皮干得很快，为了便于擀面，应该操作迅速并尽量少撒面粉。

· 在加工成形的过程中，将还未用到的面团用食品保鲜膜包住，这样可以避免面团表面形成一层外皮。

· 如果您用压面机压面，一定要把面团完整地放在槽口上，避免在压面过程中弄断或撕碎面团。

各式鲜面条

为了制作出不同颜色的面制品，或使面团散发出芳香，以及添加其他面粉时，可以对基础面团有所改变，这里介绍几种基础面团的变体。

面制品	软小麦面粉	其他材料	鸡蛋	水	其他配料	盐
鸡蛋面	400克		4			
硬质小麦面		400克硬质小麦粗面粉	0	200毫升		1撮
鸡蛋混合面	200克	200克硬质小麦粗面粉	4			
鸡蛋汤面（水或者其他汤汁）	350克		0～3 和水量的比例*	200毫升 / 20毫升 或2汤匙	水、葡萄酒、啤酒、牛奶 或蔬菜汁	
全麦面	200克	200克全麦面粉	4			
栗面	300克	100克栗子面粉	2	600毫升		
荞麦面	100克	300克荞麦面粉	0	200毫升		1撮
彩色面，用湿润的配料制成（菠菜、番茄、荨麻、甜菜等）	250克		2		30克蔬菜泥	
芳香面，（加入咖啡豆、可可豆、香辛蔬菜、辛香作料）	360克 / 390克		4		10～40克粉末或细碎的香辛蔬菜	
墨鱼墨汁面	400克		4		8毫升墨鱼墨汁	

*放入的鸡蛋越少，需要的水就越多，反之亦然。

团子

团子

"团子"（gnocchi）这个单词来自伦巴第方言中的"knohha"，意为各种各样的小面团。中世纪时，团子由各种各样的粗面粉、水和鸡蛋制成。有些以面包屑、牛奶、奶酪和杏仁粉为原料，被称为"zanzarelli"。直到1700年，随着欧洲引进土豆，以土豆为原料的团子才流传开来。

如今，"团子"这种叫法还是掩盖了许多真相。在意大利北部和拉齐奥，团子大多以土豆制成。但是从意大利最北部一直往南，面包团子（canederli）大多以面粉或小麦粗面粉制成。此外，还有许多以蔬菜、鱼、玉米面、荞麦面或奶酪为原料制成的传统团子。

土豆团子

这是最著名的一种团子，是威尼托、艾米利亚和拉齐奥的传统美食。不同的版本搭配的酱料不同。

工业生产的团子和家中自制的完全不同。用质量上乘的土豆手工制作的团子更加柔软、入口即化，也更易消化，而且不会使人厌倦。土豆的选择至关重要。选用的土豆应十分干燥，淀粉含量高，适合制成土豆泥，口感较沙，制作团子的面团也应尽可能地干燥。煮土豆时要连皮一起煮，以免水分渗入。最后十分重要的一点是，在制作过程中，只加入少量面粉，否则团子就会又硬又难以消化。还有许多方法可以将团子制成独特的形状，从而更好地吸收酱料。

彩色团子

为了制成彩色团子或芳香团子，可以将各种各样的配料和土豆泥混合在一起。根据蔬菜的坚硬程度，稍稍增加面粉的分量，10～20克不等。

· **绿色团子：** 在基本食谱的基础上加入500克充分脱水并切碎的熟菠菜（或荨麻）。

· **橙色团子：** 在基本食谱的基础上加入胡萝卜泥，将400克胡萝卜煮熟并充分脱水后制成胡萝卜泥。

· **黑色团子：** 在基本食谱的基础上加入25克墨鱼墨汁。

· **其他版本的团子：** 可以在基本食谱的基础上加入藏红花、甜菜泥、栗子泥、李子泥等。

保存

为了将家中自制团子保存几天，需要将它用水煮熟并放在葵花籽油中，以免团子粘在一起。这样团子就可以在冰箱保鲜层中保存2天或者在冷冻柜中保存3个月。食用时，就如新鲜团子一样，将其放入沸水中，即可加热并去除表层的油。您也可以将团子放入烤箱，和番茄肉糜调味酱、擦成丝的帕尔马奶酪一起烘烤。这种情况下，将团子直接放在烤盘上，不要放油。

土豆团子★★
Gnocchi di patate

6人份

准备时间：1小时
醒面时间：30分钟
烹饪时间：1～2分钟

配料

600克土豆（口感较沙的宾什土豆）
约120克面粉
肉豆蔻
盐

清洗土豆，连皮一起在盐水中烧煮。煮熟后，将土豆去皮并放入捣菜泥器中（图1）。待其冷却，加入1撮盐和少许面粉。一旦面团足够结实、可以加工塑形（图2），就不要再加入面粉了。加入面粉的分量因土豆品质的不同而不同。

将面团分成多个直径为2～3厘米的段，并将这些段切成边长为2～3厘米的小块（图3）。撒上少许面粉。用餐叉（图4）、团子刻纹木板（图5）或擦帕尔马奶酪的擦床背面（图6），迅速将这些小块搓成一面稍稍凹陷、另一面粗糙不平的团子。再裹上一层面粉，放在撒了面粉的托盘上（图7），静置半个小时。

在加了少许盐（过量的盐会弄破团子）的大量沸水中一个接一个地放入团子。当团子重新浮起来时，用网勺捞出。加入您喜欢的酱料调味：黄油鼠尾草酱（详见第78页）、番茄罗勒酱（详见第47页）、番茄肉糜调味酱（详见第52页）、奶酪香辛蔬菜酱（详见第78页），等等。

●烹饪须知

不加酱料的一盘团子所含的热量一般少于350卡。

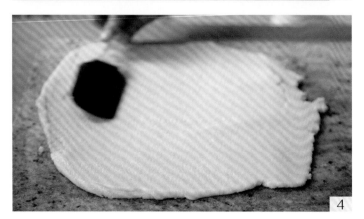

罗马式团子 ★
Gnocchi alla romana

　　虽然被称为"罗马式"，这种团子的制作方法却在整个意大利广为流传。因其便于制作，所以广受欢迎。这种团子是以粗面粉为原料，放入烤箱烘烤而成的，可以提前制作。

6人份

准备时间：30分钟
烹饪时间：40分钟

配料

1升牛奶
250克普通粗面粉
2个鸡蛋
70克黄油
120克擦成丝的帕尔马奶酪
（最好是艾米利亚-罗马涅的帕尔马奶酪或者格拉娜-帕达诺奶酪）
盐

　　把牛奶煮开，加盐。将有柄平底锅从火上移开，迅速倒入粗面粉，同时用力搅拌，以免形成凝块（图1）。

　　烧煮10分钟，其间不停地搅拌混合。

　　关火并加入鸡蛋、50克黄油（图2）和70克擦成丝的帕尔马奶酪。

　　将混合物倒在浸湿的石板上（大理石板是理想之选）（图3），借助刮铲将其摊开，形成厚1厘米的糊状物（图4）。

　　待其冷却，借助玻璃杯或者糕点刀具（第85页图5）将其切成一些小圆片。

　　在烤盘上涂上黄油并在底部铺上一层小圆片（第85页图6）（您可以使用边角料）。

　　将剩下的小圆片均匀地斜着叠放在一起。

　　放上几小块黄油，撒上剩下的擦成丝的帕尔马奶酪（第85页图7），放入烤箱在180℃（调节器6挡）高温下烘烤半小时。趁热食用。

●主厨建议

您可以在基本食谱的基础上加入蔬菜泥，这样可以制作出彩色团子，您还可以加入其他奶酪作为对帕尔马奶酪的补充（比如戈贡佐拉奶酪）。放入烤箱前，您也可以在团子上放上煮熟的蔬菜（笋尖）或者香辛蔬菜。

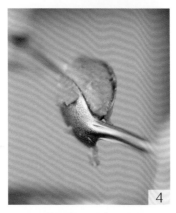

南瓜团子 ★ ★
Gnocchi di zucca

可以用各种各样的蔬菜制作团子：胡萝卜、小西葫芦、茄子等。

南瓜团子主要是伦巴第和弗留利的传统美食。

6人份

准备时间：50分钟
烹饪时间：30分钟

配料

1千克大南瓜
约200克面粉
1个鸡蛋
120克黄油
鼠尾草
80克擦成丝的帕尔马奶酪
盐

将大南瓜切成块状，放入烤箱中，在180℃（调节器6挡）高温下烘焙30分钟左右。用勺子挖出果肉（图1）并用餐叉捣碎。在器皿中倒入面粉，中间挖一个小坑，将大南瓜的果肉和鸡蛋、盐一起倒入中间的小坑，搅拌混合直至形成一个均匀的面团（图2）。面粉的分量根据南瓜的坚硬程度而定，当面团足够结实、可以加工塑形时，停止加入面粉。

用2把勺子将面团制成一个个团子（图3、4），并将团子倒入加了少许盐的沸水中。待团子重新浮起来，就用网勺捞出（图5）。在有柄平底锅中，将奶油融化并加入鼠尾草，制成酱料给团子调味，再撒上擦成丝的帕尔马奶酪，趁热食用。

您可以用擦成丝的烟熏里科塔奶酪代替帕尔马奶酪，或者将团子倒入肉汤中食用。

意式烩饭

意式烩饭

水稻很有可能是在14世纪时引入意大利的，尤其是在米兰地区，沼泽地被开垦利用以种植水稻。

如今，意大利是欧洲最大的水稻种植国，适合制作烩饭的大米品种出口到世界各地。16世纪出现在食谱中的烩饭，在17世纪时得到广泛认可，尤其是藏红花烩饭。各地的烩饭都参考了意大利北部的原产地制作方法。不论是最粗糙的还是最优质的，烩饭几乎可以激发所有配料的香味。

美味的烩饭口感滑腻，但又有嚼劲，米粒相互分离，柔软光滑，像奶油一样。

为了得到最理想的结果，每一步都十分重要，不论是米的选择，还是烹饪过程，或是配料的分量，抑或是食用的时间。

成功制作意式烩饭的建议

有柄平底锅的选择

应选用导热性能好的厚底有柄平底锅。理想材质是铜或者不锈钢。这口锅既不能太高，也不能太宽，可以在烹饪结束时完全容纳烩饭，不至于溢出（注意，烹饪过程中米的分量会增加2.5倍）；剩余空间也不能太大。意大利有一些烩饭专用铜锅，是一种圆底单柄的锅（详见第92页和第169页）。

除了烹饪结束保温时，烩饭在烹饪过程中不要加盖。

米的选择

选米的主要标准是要具有良好的抗煮性能，也就是说米粒能够长时间抵抗高温湿热，不会破碎；另一个标准是米要有足够高的淀粉含量，淀粉作为黏合剂，可以使烩饭滑腻可口。

意大利种植的许多品种的米都符合这些标准。这些品种都是富含淀粉的大米粒。这些"粳米"类型的米被称为卡纳诺利（特别是在皮埃蒙特种植的）、维阿龙圆米（威尼托）和阿波罗（波河平原）。

千万不要用大量水洗米，这样会洗掉所有的淀粉。

一般来说，每人份需65～80克米，米的分量也取决于其他配料的分量。

焙炒和食用油脂

首先用食用油脂以文火慢炒米粒。用勺子在锅底翻炒米粒，使其着色并均匀受热。使用的油脂要正好覆盖住所有米粒，不多也不少（每份约10克）。待所有米粒都充分受热且不再在锅底打滑，焙炒过程就结束了。

这一步骤可以增强米粒表层的抗煮性能，并且使米粒更易于释放淀粉，和其他配料黏合在一起。

食用油脂（黄油、橄榄油等）的选择在意大利总会引起争论。意大利北部的米饭多半是用黄油焙炒。最好还是选择适合所用米粒的油脂，而且还要符合您的营养需求！

炒蔬菜（Soffritto）

大多数时候，待食用油脂融化后，在加入米粒之前，先在有柄平底锅中煎炒切碎或切成薄片的蔬菜。这个过程被称为"soffritto"。

在传统上，这些蔬菜包括洋葱、胡萝卜和芹菜茎（一起切碎），或者洋葱、分葱、韭葱、蒜和香芹。选择的蔬菜应该和烩饭的其他配料相协调。

葡萄酒和汤汁

焙炒结束后，用含酒精的液体融化锅底的焦糖酱。这样除了融化糖浆，还能使菜肴散发出一种独特的酸味。可以根据其他配料选用白葡萄酒或红葡萄酒、烧酒或醋。待酒精完全蒸发后，加入汤汁，真正开始烹饪烩饭。

关于汤汁也是争议颇多：有些人主张一次性加入汤汁并且绝对不要搅拌，其他人主张一次只加少许汤汁并且时不时搅拌。加入汤汁的方式不同，最后的结果也不同。理想烩饭的标准也跟它的制作方法一样，因地区的不同而不同。这里介绍我的制作方法：

开始先加入1～2勺汤汁，不要完全覆盖米饭。只有当汤汁快要完全蒸发时，才继续用汤汁浇饭（一次只加入2汤勺）。

汤汁的选用也至关重要，因为汤汁要浸透米饭。可以选用蔬菜汤、家禽汤、牛肉汤、鱼汤或比斯开虾酱汤。有些人甚至选用盐水汤。也可以用食谱中需要的多余的配料熬制汤汁，比如制作芦笋烩饭时可以选用笋柄汤，制作鱼脊烩饭时可以选用鱼骨汤等。

重要的是要提前做好研究，确保和其他配料的协调。制作烩饭时绝对不要选用块状浓缩汤，除非您想食用汤块烩饭！

烹饪烩饭时，汤汁的分量一般是最初米粒分量的两倍。不过，这个规则也因烹饪方式、火候、搅拌方式、米的品质和其他配料属性的不同而不同。

在整个烹饪过程中乃至食用过程中，将汤汁放在火上保温，这样在第二次食用时，汤汁还可以浇饭。

烹饪时间和方式

烹饪时间因米的品种（详见包装上的说明）和烹饪方式的不同而不同，通常情况下16～18分钟是最理想的烹饪时间。

最终烩饭的滑腻度也因制作技法的不同而不同。用勺子搅拌得越多，释放出的淀粉就越多。不过不要搅拌得太用力而破坏米粒。文火慢煮可以不用搅拌得太勤，米粒会十分筋道又相互分离，但是滑腻度就要低些。如果火旺一些，就得时常搅拌，米粒就会十分黏稠，但是容易破碎且粘在一起。成功制作烩饭需要把握好平衡。

配料

每种配料需要烹饪的时间决定了什么时候将其加入米饭中。烹饪开始时加入需要长时间烹饪的配料（小南瓜、朝鲜蓟、肉等），烹饪中途或快结束时加入需要快速（叶菜等）或极快速烹饪的配料（海螯虾、圣雅克扇贝等）。有些需要极长时间烹饪的配料可能需要预烹饪。也可以单独烹饪有些配料，食用时再加入烩饭中。

将配料切割成块状，若是希望配料和米饭充分融合，则切成小块；若是希望突出米饭，则切成大块。

翻搅 （Mantecatura）

翻搅是制作烩饭的最后一个步骤，也正体现了烩饭的特点。米饭煮熟后，加入调味品并加热直至蒸发掉剩下的汤汁。关火。加入黄油并轻轻搅拌使其和米饭充分融合。加入擦成丝的帕尔马奶酪或者其他奶酪，快速搅拌，注意不要弄碎米粒，此时的米粒十分易碎。传统上使用漏勺搅拌，这可以把对米粒的影响降到最低。

在意大利的某些地区，人们更喜欢食用稀烩饭，被称为"all'onda"，这种情况下，翻搅时需要加入已经稍稍变稀的黄油和奶酪。

通常情况下，翻搅结束时，米饭应该比食用时略稀。最后，给米饭加盖静置2分钟。

食用

"从来都不是烩饭等客人品尝，而是客人等着品尝烩饭。"这句话准确概括了食用烩饭的准则，也就是烩饭不能提前制作。静置2分钟后，应立即食用，否则烩饭会很快失去滑腻度，成了结实的块状。给剩饭浇少许热汤并轻轻搅拌就可以食用第二次，但是味道跟第一次无法相提并论。

为了得到最理想的结果，可以一次制作许多份烩饭（但不要超过8份）。在餐厅中可以根据菜单上是否注明"20分钟等待时间"轻易判断出该餐馆制作的烩饭是否美味可口。为了加快烩饭的制作过程，可以提前准备好所有配料，这样食用前就可以尽快开始制作烩饭了。

苏打白葡萄酒烩饭 ★ ★
Risotto allo spumante

6人份

准备时间：20分钟
烹饪时间：20分钟
汤汁的准备和烹饪时间：2小时10分钟

配料

2升肉汤

2.5升水
1块牛肉或家禽肉
1根胡萝卜
1根芹菜茎
1个洋葱
1根韭葱
1根香芹
1朵丁子香花蕾
1片月桂叶

烩饭配料

1个洋葱（或分葱）
80克黄油
2汤匙橄榄油
500克米
500毫升苏打白葡萄酒或普洛赛克起泡酒
50克擦成丝的帕尔马奶酪
盐

制作肉汤

在锅中倒入2.5升冷水，放入牛肉或家禽肉、胡萝卜、芹菜、洋葱、韭葱、香芹、丁子香花蕾、月桂叶和盐。
熬制2小时，过滤，调成文火继续慢煮。

制作烩饭

在厚底有柄平底锅中，用50克黄油和橄榄油煎炒切碎的洋葱，不要使洋葱着色（第92页图1）。待洋葱呈半透明状，就加入米粒全方位翻炒。用四分之三的葡萄酒融化锅底的焦糖酱（第92页图2）。
酒精完全蒸发后，就加入肉汤，一次加一汤勺（图3），不要完全覆盖住米粒。每加一勺肉汤，就充分搅拌，使肉汤均匀分布在平底锅中。
烹饪16～18分钟。加盐。待米饭煮熟，就加入剩下的葡萄酒，充分搅拌混合。关火并加入剩下的黄油和帕尔马奶酪，再充分搅拌（详见翻搅，第91页）。出锅后立即食用。

3

●烹饪须知

这是最精致、最经典的烩饭食谱。可以用各种各样的葡萄酒制作，烩饭会散发葡萄酒的芳香，呈现葡萄酒的颜色。最著名的演变食谱是巴罗洛红葡萄酒烩饭，这是用皮埃蒙特的一种美酒做的烩饭。

▌食谱应用

意式米兰烩饭 >> 第214页
阿尔巴白松露烩饭 >> 第199页

春天蔬菜烩饭 ★ ★
Risotto primavera

6人份

准备时间：40分钟
烹饪时间：20分钟
汤汁的准备和烹饪时间：50分钟

配料
蔬菜

16根芦笋
2个朝鲜蓟
1根韭葱
1个土豆
几根香芹
5片罗勒叶
100克剥去豆荚的青豌豆
1根芹菜茎
50克黄油
2汤匙橄榄油
280克米
500毫升白葡萄酒
100克擦成丝的帕尔马奶酪

盐、胡椒

1升菜汤的配料

100克君达菜
1根胡萝卜
1根芹菜茎
1个番茄
1瓣蒜
10克盐
1个洋葱

制作菜汤

在锅中倒入1.5升水，放入君达菜、胡萝卜、芹菜、番茄、蒜和盐，加热40分钟。过滤并调成文火继续慢煮。

准备蔬菜

清洗芦笋和朝鲜蓟。将笋尖和笋茎分离。将笋尖切成两半，将笋茎切成片。将朝鲜蓟和韭葱切成薄片。将土豆切成小丁。将香芹和罗勒切碎。
将一部分蔬菜放在沸水中速煮，也就是将蔬菜浸泡在加了盐的

沸水中。青豌豆煮3分钟，芦笋和朝鲜蓟煮1分钟，笋尖煮30秒。快速煮制需要大量的水并要保持水的沸腾。

将蔬菜沥干并放入加冰的冷水中。待蔬菜完全冷却，就将其充分沥干。

在厚底有柄平底锅中，用半块黄油和2汤匙橄榄油煎炒切碎的韭葱和芹菜，不要使其着色（图1）。待其呈半透明状，就加入土豆丁和米粒。充分翻炒米粒，使其他配料裹在米粒上。用葡萄酒融化锅底的焦糖酱（图2）。

酒精蒸发后，一勺一勺地加入汤汁，不要完全覆盖住米粒。每加一勺汤汁，就充分搅拌，使汤汁均匀分布在平底锅中。加入剩下的蔬菜（图3）。烹饪16～18分钟。撒盐，加胡椒。从火上移开，静置1分钟。

加入剩下的黄油。加入擦成丝的帕尔马奶酪并搅拌，然后加入香芹和罗勒。

● **烹饪须知**

这种蔬菜烩饭可以用各种各样的蔬菜和香辛蔬菜制作，烩饭会散发出蔬菜的香气，呈现出蔬菜的颜色。

柠檬虾汤浇小西葫芦烩饭 ★★
Risotto gamberi, zucchine e limone

4人份

准备时间：30分钟
烹饪时间：20分钟
汤汁的准备和烹饪时间：30分钟

配料

300克生虾
200克小西葫芦
1个洋葱
1瓣蒜
4汤匙橄榄油
280克米
120毫升白葡萄酒
半个柠檬榨汁和果皮
盐、胡椒

虾汤

虾壳和虾头
1根芹菜茎
1个洋葱
1根胡萝卜
几片香芹叶
1片月桂叶
1/4个柠檬的果皮
1咖啡匙茴香籽
50毫升白兰地酒
5克盐

剥掉虾壳，留下虾身（第96页图1）。

制作虾汤

在锅中倒入1.5升水，加入虾壳、虾头、芹菜、洋葱、胡萝卜、香芹、月桂叶、柠檬皮、茴香籽、白兰地酒和盐（第96页图2）。熬制20分钟，过滤，调成文火继续慢煮。

清洗小西葫芦，将其一半切成菜丝，另一半切碎。将洋葱和蒜切碎。

在厚底有柄平底锅中，用4汤匙橄榄油煎炒洋葱，不要使其着色。待洋葱呈半透明状，就加入蒜和切碎的小西葫芦。1分钟后，加入米粒充分翻炒，使其他配料裹在米粒上。用葡萄酒融化锅底的焦糖酱。

酒精蒸发后，一勺勺地加入虾汤（图3），不要完全覆盖住米粒。每加一勺汤汁，就充分搅拌，使汤汁均匀分布在平底锅中。烹饪16～18分钟。撒盐，加胡椒。

烹饪结束前3分钟时，加入切成丝的小西葫芦和虾身（图4）。关火后立即食用。

●烹饪须知

一般在以鱼为原料的料理中不加入帕尔马奶酪或其他奶制品，因为鱼的清香会很快被奶酪浓烈的气味掩盖。

如何处理烩饭的剩饭？

您可以加入一些其他配料，用烩饭的剩饭制成许多在传统食谱上演变的食谱。

· **米饭炒鸡蛋**：只需要在长柄平底锅中加入1～2个鸡蛋煎炒。您也可以加入切成丝状的蔬菜、猪肉片或猪肉块、奶酪等。

· **米饼**：在长柄平底锅中加热1小块黄油和1勺橄榄油，将米饭压扁，倒入锅中。煎5分钟，用碟子或锅盖翻转米饼，将另一面也煎5分钟。

· **米丸子**：加入碎肉、1勺面粉和1个鸡蛋，捏成丸子状，裹上面包屑，放入平底锅中油炸。

· **米团子**（suppli或arancini）：在烩饭中加入1个鸡蛋，将其捏成团子状，中间加入1小勺番茄酱或番茄肉糜调味酱和几小块奶酪（马苏里拉奶酪、斯卡莫扎奶酪、芳提娜奶酪等）。捏好团子，裹上一层面粉、鸡蛋液、面包屑，放入锅中油炸。

· **意大利派**（timballo）：在烤盘上涂上黄油，一层层交替放上烩饭和奶酪或番茄酱、番茄肉糜调味酱。您也可以交替放上烩饭和新鲜番茄、猪肉食品、碎肉等以米饭层结束，撒上擦成丝的帕尔马奶酪和几小块黄油。放入烤箱，在200℃（调节器6/7挡）的高温下烘焙30分钟。

玉米粥

玉米粥

玉米粥是意大利东北部传统食品业的支柱。最初，这是一种以鹰嘴豆、蚕豆或荞麦为原料的农家粥。

16世纪时，从美洲传入的玉米自然就成了这道料理的原料。玉米种植简单、产量颇高，可以解决特伦蒂诺和弗留利地区的饥荒。在这些地区，玉米被称为"Grano Turco"（土耳其谷物），因为意大利在17世纪时曾从土耳其大量进口玉米。

各种类型的玉米粥

• **黄玉米粥**：用黄玉米制成，这是最经典的一种玉米粥，适合与各种料理一起食用。

• **白玉米粥**：用白玉米制成，这是最精细的一种玉米粥，适合搭配精细的菜肴，比如鱼。

• **荞麦面玉米粥（taragna）**：用荞麦面制成，这种玉米粥更粗，但营养更丰富，适合搭配简单的酱料（以鳀鱼或奶酪作原料）。

• **鹰嘴豆或蚕豆玉米粥**：意大利南部至今还在制作的一种玉米粥。

• **栗面玉米粥**：根据托斯卡纳的传统，用栗面制成。

稠或稀？

制作玉米粥有许多种方式：可稠，可稀，可煮熟即食，或切片后炸、烤、煮，亦可加入其他配料（奶酪、黄油、番茄酱、肉等）后放入烤箱烘焙。

不同颗粒大小的面粉制作的玉米粥自然也不同：精细些的面粉制成的玉米粥更加滑腻，但是很难不结块。粗糙些的面粉很容易避免结块，但是制成的玉米粥就更加粗糙。

用玉米面制作玉米粥需要较长的烹饪时间。注意在整个烹饪过程中要不停地搅拌。如今在商店里很容易找到预煮的玉米粥专用面粉，使用这种面粉可以节省很多时间（只需5分钟，而普通的玉米面则需要45～60分钟）。用这种面粉制成的玉米粥味道还是相当令人满意的。

用具

传统上用来制作玉米粥的是一种喇叭口的有柄平底锅，由锻打铜制成，被称为"paiolo"，但是商店中的生铁锅、带防粘层的铝锅、蛇纹石锅甚至带内置电子搅拌器的锅，都可以用来制作玉米粥。

煮熟后，就将玉米粥倒在案板上，待其冷却，用棉花线或刀将其切成片。

经典的切玉米粥专用案板是圆形的（第101页图3和第169页）。

制作的建议

• 食谱中玉米粥的分量是按照1升水计算的，但是，由于面粉的类型不同，玉米粥也可能需要更多或更少的水。

• 倒入面粉后随即在水中加入1勺橄榄油，这样就不用不停地搅拌了。

• 制作精细的玉米粥时，您可以在水沸腾前就倒入面粉，避免结块。

• 最好使用粗面粉（bramata）制作较硬的玉米粥，使用细面粉（fioretto）制作口感柔软的玉米粥。

• 总是沿着同一个方向搅拌玉米粥（就像搅拌蛋黄酱一样）。

• 玉米粥的烹饪时间十分重要：烹饪的时间越长，玉米粥就越美味可口、越容易消化。

• 在烹饪过程中，玉米块的内部会形成气泡，这些气泡随后会破裂，一定小心玉米粥溅出烫伤！

• 预留250毫升沸水备用，当玉米粥太稠时将水倒入锅中。

• 您可以用高压锅煮玉米粥。一旦面粉和水混合在一起，就盖上锅盖，烧煮20分钟。关火降压后，打开锅盖，用力搅拌后再将其倒入盘中食用或倒在案板上。

• 也可以用隔水炖锅煮玉米粥，这样烹饪过程中就不用不停地搅拌了，但烹饪时间也会更长些。

传统玉米粥★★
Polenta tradizionale

4 ~ 6人份

准备时间：10分钟
烹饪时间：45～60分钟

配料
白玉米面粉或黄玉米面粉

1升水
1汤匙盐
300克面粉（制作口感较硬的玉米粥）
或200克面粉（制作口感柔软的玉米粥）

在有柄平底锅中将水煮开，加入盐，迅速倒入面粉，同时用搅拌器不停地搅拌，以免结块（图1）。
用文火慢煮45～60分钟，同时不停地搅拌（后期搅拌器可用木勺代替）（图2）。当玉米粥变成块状，和锅边分离时，就算煮熟了。将玉米粥倒在案板上，待其变硬（图3，图中展示的是白玉米面粉制作的玉米粥）。

速食玉米粥 ★ ★
Polenta rapida

4 ~ 6人份

准备时间：10分钟
烹饪时间：5分钟

配料
预煮的玉米面粉

1升水
1汤匙盐
300克面粉（制作口感较硬的玉米粥）
或200克面粉（制作口感柔软的玉米粥）

在有柄平底锅中将水煮开，加入盐，从火上移开。迅速倒入面粉，同时用搅拌器不停地搅拌，以免结块（图1）。将其重新放火上烧煮一小会儿（详见包装上注明的时间），同时不停地搅拌（图2）。当玉米粥形成块状，和锅边分离时，就算煮熟了。

将玉米粥倒在案板上，待其变硬（图3）。

荞面玉米粥 ★ ★
Polenta taragna

4 ~ 6人份

准备时间: 10分钟
烹饪时间: 5分钟

配料

1升水
1汤匙盐
300克荞面
100克黄油
200克萨瓦多姆奶酪或拉克雷特奶酪 (传统上使用比托奶酪, 瓦尔
泰利纳的一种奶酪)

在有柄平底锅中将水煮开, 加入盐。 迅速均匀地往锅中倒入面
粉, 同时用搅拌器不停地搅拌, 以免形成结块 (图1)。

文火慢煮50分钟, 同时不停地搅拌 (后期搅拌器可用木勺代
替)。加入黄油和块状奶酪, 再煮5分钟 (图2、3)。倒入热
菜盘中立即食用。

栗面玉米粥 ★
Polenta alla farina di castagne

4 ~ 6人份

准备时间：10分钟
烹饪时间：30分钟

配料

1升水
1汤匙盐
1汤匙橄榄油
300克栗面

在有柄平底锅中将水煮开，加入盐和橄榄油。迅速倒入面粉，同时用搅拌器不停地搅拌，以免形成结块（图1）。

用文火慢煮30分钟左右，同时不停地搅拌（后期搅拌器可用木勺代替）（图2）。

烹饪结束时，用力搅拌玉米粥（图3）并将其立即倒在木制案板上，待其变硬。搭配鲜奶酪、猪肉食品、香肠、鲱鱼、肉酱或蘑菇酱一起食用。

玉米粥的各种食用方式

直至烹饪结束仍保持柔软的玉米粥通常会被倒入盘中立即食用或搭配酱料食用。

也可以将玉米粥倒在木制案板上，将其压扁，使其变硬（需要30分钟左右），然后将其切成宽1～2厘米的玉米粥片。玉米粥片可以立即食用，也可以进行二次烹饪。

- **烤玉米粥片（grigliata）（第107页图1）**
将玉米粥片放在烤架上或涂油并预热的长柄平底锅中，两面都烤2分钟。

- **烤箱烘焙玉米粥片（al forno）**
将玉米粥片放在铺有烘焙纸的烤盘上，放入烤箱。在250℃（调节器8/9挡）的高温下烘焙，直至玉米粥片呈金黄色（大约5分钟）。

- **油炸玉米粥片（fritta）（第107页图2）**
在180℃的高温下油炸玉米粥片，直至其呈金黄色。用吸油纸将油沥干。您也可以将玉米粥切成小棍状，用来制作油炸玉米粥条。

- **玉米粥团子（gnocchi di polenta）**
将玉米粥切成小块，放入加盐的沸水中。待小块重新浮起来，将水沥干，加入融化了的黄油和擦成丝的奶酪（帕尔马奶酪或硬里科塔奶酪）调味。

配菜建议

- **虾（弗留利式）：** 用黄油将虾和蒜、香芹、巴黎蘑菇一起煎炒，用来给软玉米粥调味。

- **香肠（罗马式）：** 在有柄平底锅中将洋葱和橄榄油、蒜泥、碎香芹一起煎炒，加入香肠，煎至金黄。用白葡萄酒融化锅底的焦糖酱并加入番茄酱，烧煮15分钟。将其放在热菜盘上的软玉米粥中，撒上擦成丝的佩科里诺奶酪。

- **意大利咸猪肉肥肉丁：** 在餐盘上一层层交替地放上软玉米粥、奶酪和用黄油与鼠尾草煎炒的肥肉丁。

- **洋葱（特伦蒂诺式）：** 用橄榄油、迷迭香、盐和胡椒煎炒洋葱，给烤玉米粥片调味。

- **鳕鱼（威尼托式）：** 所有以鳕鱼为原料的料理都十分适合搭配玉米粥（详见第249页"维森蒂纳腌鳕鱼"）。

- **玉米粥和鸟肉（贝加摩式）：** 在长柄平底锅中，用黄油和鼠尾草将清洗干净的鸟肉（鹌鹑或者斑鸫肉等）烧煮20分钟，和汤汁一起倒入热菜盘上的软玉米粥中食用。您也可以和串在铁钎上的烤鸟肉一起食用玉米粥。

- **用牛肉或野猪肉制成的番茄肉糜调味酱：** 将软玉米粥均匀倒在几个热菜盘上，和酱料、擦成丝的帕尔马奶酪一起食用。

- **戈贡佐拉奶酪（米兰式）：** 煮熟后将一半玉米粥倒在木制案板上，撒上小块的戈贡佐拉奶酪和几小块黄油，将另一半玉米粥倒在上面，立即食用。

- **科莫山谷式玉米粥（uncia）：** 在餐盘上一层层地交替放上软玉米粥、擦成丝的帕尔马奶酪和用黄油与鼠尾草煎炒的洋葱。

- **奶酪玉米粥（皮埃蒙特大区的奥罗帕地区和瓦莱达奥斯塔大区的特色菜）：** 将玉米粥烹饪30分钟后，加入250克切成小方块的奶酪（戈贡佐拉奶酪、芳提娜奶酪和萨瓦多姆奶酪的混合），结束烹饪并加入100克融化了的黄油。再加入100克切成丁的奶酪，充分搅拌混合。从火上移开，立即食用。

- **食用牛肝菌：** 在长柄平底锅中，用橄榄油、蒜和香芹煎炒切成薄片的食用牛肝菌。撒盐，加胡椒，用白葡萄酒融化锅底的焦糖酱。放在烤玉米粥片上食用。

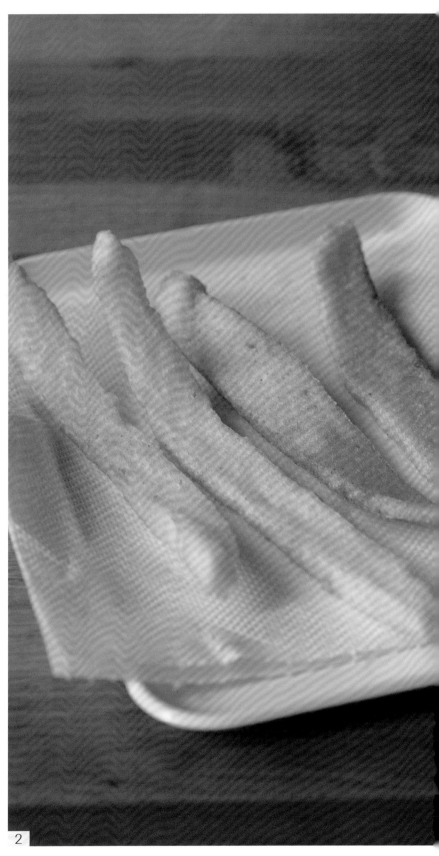

调味玉米粥和烘焙玉米粥 ★
Polenta pasticciata

8人份

准备时间：45分钟
烹饪时间：30分钟

配料

300克切碎的牛排
2根蔡珀拉特细香肠
100克黄油
1个洋葱
1根胡萝卜
1根芹菜茎
30克食用干牛肝菌（在水中浸泡10分钟）
100克风干猪面颊肉
250毫升白葡萄酒
250克去皮番茄
100克生火腿
1份在木制案板上冷却的玉米粥
200克擦成丝的格律耶尔奶酪
50克帕尔马奶酪
盐

在有柄平底锅中，用半块黄油将碎牛排和蔡珀拉特细香肠煎至呈金黄色。清洗蔬菜，去皮并切碎。将蔬菜放入锅中，加入再水化的食用牛肝菌和切碎的风干猪面颊肉，待其融化，倒入葡萄酒，融化锅底的焦糖酱。加入去皮番茄和100毫升水，撒盐，用文火烧15分钟，制成酱料。将生火腿切成小薄片。
在涂上黄油的烤盘上，一层层地交替放上玉米粥和酱料（第108页图1）。在每一层上撒满擦成丝的格律耶尔奶酪和生火腿（图2）。以玉米粥层结束，撒上擦成丝的帕尔马奶酪和几小块黄油（图3）。放入烤箱，在180℃（调节器6挡）高温下烘焙30分钟。

另一种更清淡的传统版本用小牛肉和家禽的内脏（肝脏和心脏）代替香肠和牛肉。

油炸食品

油炸食品

意大利拥有各类油炸食品的传统食谱，每种食品的配料因地区的不同而不同。各种食材（肉、鱼、蔬菜）的拼盘很是常见。此外还有许多炸面包、炸比萨和甜炸糕的食谱。

制作的建议

各种各样的炸制用油

油温不要超过冒烟点，以免破坏脂肪的分子结构。脂肪高温分解时会产生不好的气味，使食品散发出难闻的味道，并产生有毒物质。因此不要选用含有过量的多不饱和脂肪酸的油，这种油不稳定且在高温下会产生致癌物。在某些国家，这种油被明确指出不适合油炸食品，尤其是葵花籽油！

因此根据冒烟点选择炸制用油至关重要，每种油的冒烟点都各不相同。橄榄油是最稳定的，包含天然抗氧化剂，多不饱和脂肪酸含量仅为10%，冒烟点达210℃。但对于某些食品，橄榄油味道有些重，并且价格有些贵。葵花籽油的冒烟点低于130℃（多饱和脂肪酸占65%），玉米油的冒烟点达160℃（多饱和脂肪酸占60%），花生油的冒烟点达180℃（多饱和脂肪酸占30%）。也有一些被处理过的炸制用油，在高温下也可以保持稳定。餐馆常用的精炼棕榈油（冒烟点为240℃）和处理过的蔬菜油就属于这种油，蔬菜油通常是加入分馏的植物脂肪的葵花籽油（被称为"炸制用油"）。猪油作为炸制用油也十分稳定（260℃），因而也常常被使用（尤其是在猪肉食品店）。根据要油炸的食品选择炸制用油，橄榄油和花生油还是家中用油的最佳选择。精炼黄油也可以作为备选。

制作健康油炸食品须知

为健康着想，最好每次都换油，最多每炸两次换一次油。

两次油炸之间将油过滤一次，这样可以去除可能会炭化的上次油炸食品的碎屑（一锅只用来炸土豆的油比用来炸带面衣食品的油保存时间更久）。

将油放在阴凉处的器皿中，密封好，避光、真空保存以防止氧化，但不要保存超过2～3周。

为了避免烧焦，油炸食物时应使用大量的油（至少是油炸食品的3倍量），当油温达到所需温度时，不要长时间干烧，放入一块面包即可。油温千万不要超过180℃。

一锅油变质的标志有很多：变成褐色，气味和味道怪异，冒烟，持续出现泡沫，黏度增加，炸出的食品更油腻、难以沥干等。

根据食品确定油温

待炸食物越小，需要达到的油温就越高。根据食品的不同，油温在140℃～180℃之间不等。

如果油温不够高，食物的水分就无法蒸发，最终的油炸食品就不够松脆。为了做出既松脆又不油腻的油炸食品，每次炸的食品要尽可能地少。选择的温度应保持恒定。

150℃：大块鸡肉和兔肉、整条鱼和所有需要长时间烹饪的食物；

160℃～170℃：外裹面包粉的肉和鱼、蛋糕、蔬菜；

180℃：体积小的鱼和蔬菜、预煮过的食物、虾、动物内脏、冷冻食品。

如何准备待炸食品？

食物在油炸前应在常温下放置并保持干燥。不要加入盐或香料，以免加速油的变质或者使面包屑掉落。食物一沥干就立即放在吸油纸上，不要加盖。炸好的食物应立即食用。您可以将第一批炸好的食物放进半开的烤箱温着，直到烹饪结束。

需要哪些用具？

电炸锅是理想之选，因为它可以精准控制温度。里昂长柄平底锅或者带笸的锅也十分适合油炸食品。最好使用网勺来沥干油炸食品，网勺不会像漏勺那样吸油。如果没有电炸锅，您可以使用浸入式温度计或红外温度计来控制温度。

如何减轻难闻的气味？

在油锅中加入几片苹果、几根香芹茎或几粒芫荽籽，时时更换，这样就可以减轻难闻的气味了。

油炸时间

油炸的时间因待炸食物的属性和大小的不同而不同，在一般情况下，当食品变成金黄色并重新浮起来时，就算炸好了。

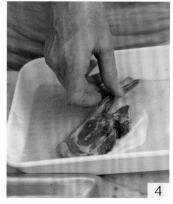

油炸肉食和蔬菜拼盘 ★ ★
Fritto misto di terra

　　油炸食品拼盘是皮埃蒙特的传统菜肴，陆地上的各种食品都可以成为它的配料：肉、蔬菜和蛋糕。和这道菜肴很相像的版本有配料更加丰富的博洛尼亚式油炸拼盘（包含猪肉食品、水果、金合欢花等）、配料更加局限的罗马式油炸拼盘（以动物内脏和朝鲜蓟为主）、以白煮肉作原料的米兰式油炸拼盘以及主要由蔬菜和鱼构成的利古里亚式油炸拼盘。

6人份

准备时间：1小时
油炸时间：25分钟
粗面粉的冷却时间：1～2小时

配料

400毫升牛奶
1个柠檬的果皮
160克糖
100克蛋糕粗粉
500克蔬菜拼盘（茄子、小西葫芦、小西葫芦花、蘑菇、朝鲜蓟、卷心菜、西兰花）
500克肉食拼盘（小牛胸腺、动物脑子、小牛肉片和小牛肝、香肠、鸡腿、猪排骨和猪肋条、小羊肋骨、蛙腿）
6块阿玛莱蒂软蛋糕
1个切成片的苹果
4个鸡蛋
250克面包屑
油炸用橄榄油或花生油
盐

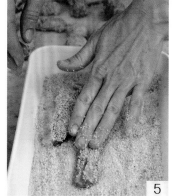

制作粗粉

将牛奶煮开，加入柠檬皮和糖。加入粗粉，同时用搅拌器不停地搅拌（图1）。烧煮几分钟（图2），将其倒在一个平面上（图3）。待其冷却，切成菱形。

清洗蔬菜并切成块状。
将肉块切成小块。
将包括菱形粗粉、阿玛莱蒂蛋糕和苹果片在内的所有食材倒入蛋液中（图4），然后裹上面包屑（图5）。
在165℃的高温下用橄榄油油炸（图6），直至所有食材呈金黄色（肉需要8～12分钟，蔬菜需要3分钟，蛋糕需要2分钟）。
用吸油纸沥干并撒盐。
立即食用。

●主厨建议

为了减少面衣的脂肪含量，只使用蛋液中的蛋清。

油炸鱼肉和甲壳类拼盘 ★
Fritto misto di mare

　　炸鱼肉是意大利流传最广的菜肴，几乎所有的餐馆都提供。

　　可以用甲壳类（墨鱼和虾）或（拖网渔船捕获的）鱼作原料，也可以将两者混合。

6人份

准备时间：30分钟
油炸时间：12分钟

配料

800克待炸鱼（火鱼、马鲛鱼、小鳎鱼、小鲭鱼、鳀鱼）
200克虾
200克墨鱼圈
足量的小麦面粉
或硬质小麦粗面粉
油炸用橄榄油或花生油
1个柠檬
盐

清洗鱼、虾、墨鱼，仔细将水沥干。裹上薄薄的一层面粉（图1、2），抖掉过量的面粉，在175℃的高温下用橄榄油油炸（图3），直至所有食材呈金黄色（虾需要炸2分钟，墨鱼和小鱼需要炸4分钟）。用吸油纸沥干并撒盐（图4）。
和柠檬片一起立即食用。

●主厨建议

为了减轻油炸食品的重量，尽量少裹面粉。
将配料和1勺面粉一起倒入袋中，封好袋口后摇晃。
您也可以在裹好面粉后将配料过筛。
面粉只是用来去除配料表面的水分。
食用前，您可以在油炸食品上撒满碎香芹。
您也可以用海螯虾、小墨鱼（supions或chipirons）、整条章鱼（moscardini）和软壳蟹制作。

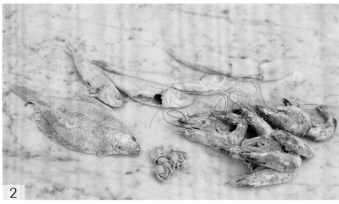

马苏里拉奶酪三明治 ★
Mozzarella in carrozza

马苏里拉奶酪三明治是一道那不勒斯菜肴，使用的食材是不太新鲜、汁水较少的马苏里拉奶酪。

4人份

准备时间：30分钟
晾晒时间：1小时
油炸时间：5分钟

配料

250克片状马苏里拉奶酪
8片软面包
2个鸡蛋
150毫升牛奶
3汤匙面粉
油炸用橄榄油或花生油
盐

将马苏里拉奶酪沥干，露天晾晒1小时。

将奶酪切成4个厚约1厘米的薄片。

去掉面包皮。将奶酪片放在面包片上。

盖上另一片面包，将其夹紧。

打散鸡蛋并加入牛奶。将三明治的边缘在水中浸湿并撒上面粉，从而封好三明治，防止奶酪在烹饪过程中掉出来。

将蛋液尽可能多地涂在面包上（图1）。静置几分钟，在180℃的高温下油炸，直至面包呈金黄色（图2）（需要5分钟左右），用吸油纸沥干并撒盐（图3）。立即食用。

●主厨建议

若是用放了一两天的乡村面包代替软面包，可以在三明治中加入油浸鳀鱼脊。还可以给马苏里拉奶酪片裹上蛋液和面包屑并油炸。随后加盐并撒上牛至。

炸面包和炸比萨 ★
Figattole e pizzelle

炸面包、炸比萨和炸馅饼都是十分美味的油炸食品，以面团为原料，可加调味品，也可不加。这些油炸食品十分适合和开胃菜一起食用。

炸比萨被称为"大街上的美食"，在意大利南部广为流传，曾和女演员索菲亚·罗兰（Sophia Loren）一起出现在维托里奥·德·西卡（Vittorio De Sica）导演的电影《那不勒斯的黄金》(L' oro di Napoli) 中。

4人份

准备时间：20分钟
发酵时间：2小时
油炸时间：10～12分钟

配料

15克新鲜面包酵母
100毫升水
1咖啡匙红糖
180克T55面粉
油炸用橄榄油或花生油
盐

炸面包

将酵母溶解在红糖水中（图1）并加到面粉中，撒盐。用力揉捏（图2）。待面团光滑且均匀，就盖上抹布，发酵1小时（图3）。

将发酵好的大面团切成几个小面团（图4）。

将小面团擀开，形成厚约0.5厘米的面饼，切成边长约10厘米的菱形，在每个菱形中间再切一刀（图5）。

在170℃的高温下油炸，直至面包略呈金黄色（需要2～3分钟）（图6）。

用吸油纸沥干并加盐。

和猪肉食品、奶酪一起趁热食用。

炸比萨

为了制作炸比萨，需要制作1个面团，发酵后切成一个个小圆片。将小圆片油炸后，用1勺番茄酱、擦成丝的帕尔马奶酪和罗勒或者鳀鱼脊、刺山柑花蕾和牛至调味。

甜味油炸食品 ★
Chiacchere

狂欢节时食用的甜炸糕广为流传，但每个地区的叫法不同：cenci（碎布）、chiacchere（闲谈）、galani（饰带）或bugie（谎言）是这道料理最常见的几种不同叫法。

6人份

准备时间：20分钟
醒面时间：30分钟
油炸时间：4～6分钟

配料

300克T55面粉
50克糖
2个鸡蛋
20克融化了的黄油
1片香草或1个柠檬的果皮
1汤匙酒（马沙拉白葡萄酒、甜酒、格拉帕酒）
油炸用猪油
糖粉

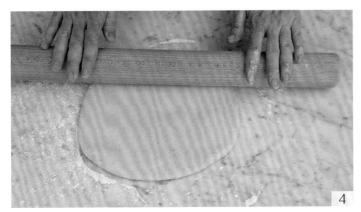

将面粉和糖混合在一起，然后加入整个鸡蛋和融化了的黄油（图1），搅拌直至得到一个光滑且均匀的面团（图2、3）。

盖上抹布，发酵30分钟。

用擀面杖将面团擀开，厚度约2毫米（图4），用轮状刀切成长条形、长方形或菱形（图5）。

在面皮中间再切两刀（图6）。

在180℃的高温下用猪油油炸每一块小面饼，直至其略呈金黄色（需要2分钟左右）。

用吸油纸沥干并撒上糖粉食用。

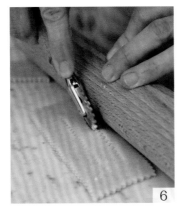

海鲜

整鱼

意大利的鱼馆往往在入口处设有鲜鱼展柜，您选择的鱼马上就会被烹饪成佳肴。越来越多鱼商也在店铺里增加一个小餐馆。

食用整鱼仍然在意大利十分流行。对鲜鱼来说，这是最物尽其值的烹饪方式。

制作的建议

烹鱼前的注意事项

· 选择发亮的、肉质硬实的鱼，并且鱼鳃应呈红色，眼睛透明、呈圆形、凸起。这样的鱼腥味应该很淡。

· 烹鱼前，要将其用净水冲洗并晾干。

· 若是制作户外烤鱼或是盐包鱼，则留下鳞片。

· 若是制作烤鱼片，如果鱼的重量超过700克，就在鱼背上沿对角线切一刀，以确保烹饪时鱼的内部也能受热。

· 容易失去香味的鱼最好不要保存太久。不过您可以将整鱼放入冰箱保存，以便第二天食用。前提是鱼要清理、冲洗、脱水并用厨房用纸或抹布包好，放在不锈钢或塑料盒中。

· 如果您要烹饪冷冻的整鱼，烹饪前要先将鱼完全解冻并且用大量水冲洗。

如何调好味

· 为了给烤箱烤鱼或户外烤鱼提味，您可以将鱼提前腌泡在香料中（橄榄油与月桂叶、野茴香、迷迭香和蒜、洋葱等）。烹饪过程中您也可以加入这些香料，此外您还可以加入一些蔬菜（土豆、番茄、朝鲜蓟、茴香、蘑菇等）以作配菜。用烤箱烤鱼时，您也可以在烹饪过程中加入一些贝壳类动物或甲壳类动物。

· 为了使香气更浓郁，您也可以用烘焙专用纸或铝箔纸将鱼和香料、蔬菜包在一起。

· 为了给蒸鱼或煮鱼提味，您可以在鱼汤中加入柠檬皮、胡萝卜、洋葱、芹菜茎、香芹、蒜、月桂叶、盐和白葡萄酒。

烹饪过程中需仔细观察

· 当您用煮的方式烹鱼时：要将鱼、香料和冷水一起倒入有柄平底锅中。火候不要太大（以免破坏烹饪时极易断的鱼）。水一沸腾，小鱼就熟了。500克的鱼需要烹饪10分钟。水煮鱼最好的配菜就是蛋黄酱。

· 鱼眼可以帮助您掌握烹饪的程度：当鱼煮熟时，鱼眼会完全变白、不再透明。

盐包鱼 ★★
Pesce al sale

这份食谱尤其突出鱼肉的清香。盐形成一层外壳，包在鱼外面，直到品尝的时候香味才会散发出来。

4人份

准备时间：20分钟
烹饪时间：45分钟

配料

1条重约1.2千克的鱼（狼鲈、鲷鱼、大西洋鲷、红鳞鱼等）
2.5千克粗盐
橄榄油
柠檬

制作盐包鱼需要先将鱼清洗干净，但不要刮掉鱼鳞。

在烤盘上铺上厚厚一层盐，将鱼放在上面，再盖上一层厚厚的粗盐（约2厘米厚）（第123页图1）并压紧（第123页图2）。将鱼放入已预热的烤箱，在200℃（调节器6/7挡）的高温下烤制45分钟（若鱼重400克，则只需30分钟；若鱼重1.5千克，则需要1小时）。

和橄榄油、柠檬一起食用（第123页图3）。

●主厨建议

您可以在鱼肚中加入香料（迷迭香、月桂叶、蒜、香芹、柑橘皮等），使盐包鱼的香味更加浓郁。

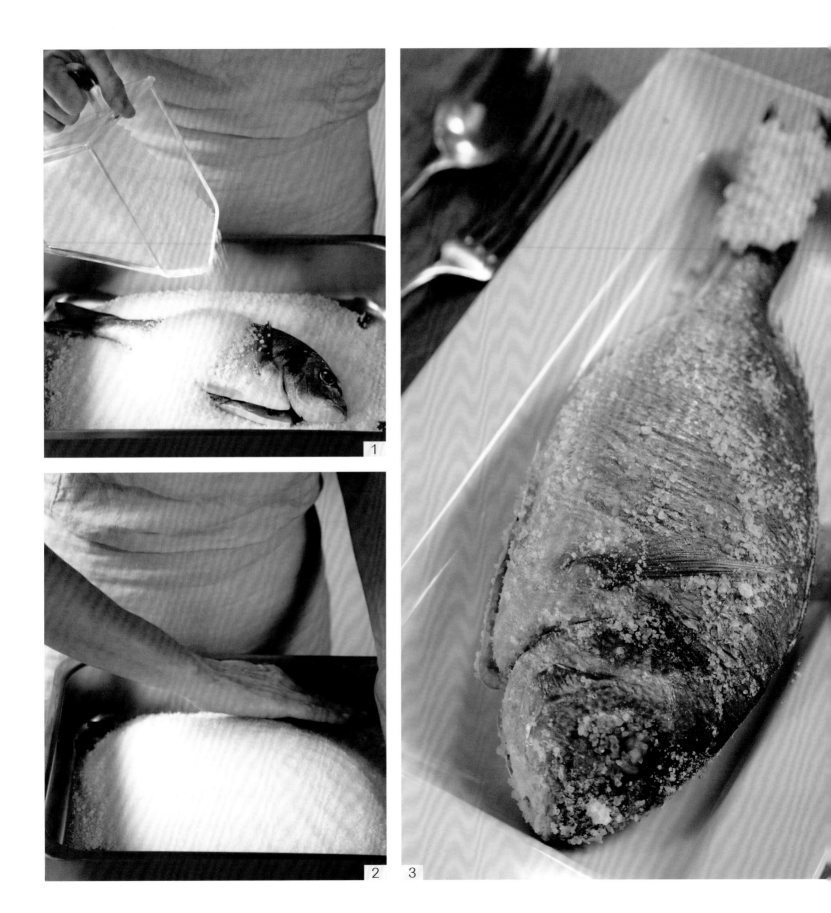

"疯"水鱼 ★
Pesce all'acqua pazza

"疯"水鱼是意大利南部的典型料理，是将鱼放入加了各种香料和番茄的调味汤汁中烹饪而成。制作方法非常简单，尤以一种名为赤鲷（pezzogna）的鱼作原料而闻名，但各种类型的鱼都十分适合制作此道料理。

4人份

准备时间：30分钟
烹饪时间：20分钟

配料

1条重约1.2千克或2条重约600克的鱼
（火鱼、赤鲷、荫鱼、狼鲈、鲈鲉、黄鲷等）
2瓣蒜
1根芹菜茎
1根胡萝卜
150毫升橄榄油
250毫升白葡萄酒
300克切成块的小番茄
1个红辣椒
4根香芹
盐

在中等大小的有柄平底锅中，放入清洗干净的鱼（图1）、其他所有配料和2杯水。用中火慢煮。鱼一熟（从水沸腾开始约需20分钟），就把火关掉（图2），和汤汁、番茄一起食用。鱼眼一旦完全变白，鱼就熟了。

软体动物、贝壳类动物和甲壳动物

清洗墨鱼并取出墨汁

将墨鱼盖与头部和触角分离。去掉墨鱼盖和墨鱼骨上的皮。打开外套腔，将内部挖空，注意不要损坏墨囊。墨囊有着珍珠般的色泽，位于外套腔最深处，您可以轻易辨别出来（图1），将墨囊和其余部分分离并放在一个小玻璃罐中以作备用。将白色的部分冲洗干净并放在吸油纸上。切掉墨鱼眼睛下面的触角（图2），去掉触角中间的软骨尖（图3），将墨鱼所有部位都冲洗干净。

清洗鱿鱼

各种鱿鱼的清洗方式与墨鱼相同。将鱿鱼盖与头部和触角分离（上图1）。将鱿鱼挖空、剔除骨头（上图2），这种骨头由透明的软骨构成。鱿鱼的墨汁没有食用价值。

不过您可以将鱿鱼盖保存好，可用来塞肉馅。将鱿鱼放入水中并去皮（上图3）。用剪刀剪掉鱿鱼眼睛下面的触角（图4）。将所有部位冲洗干净。

清洗章鱼

将章鱼体腔翻过来，挖空、冲洗后再恢复最初的位置。用剪刀去掉章鱼眼睛和触角中间的软骨尖。用水冲洗并用厨房用纸擦干。麝香章鱼（moscardini）和章鱼的清洗方式相同，这是一种体型较小的章鱼，与拥有两排吸盘的章鱼不同，麝香章鱼只有一排吸盘。

清洗海胆并取出舌形物

将海胆翻过来，用剪刀剪出一个占海胆1/3大小的小口（下图1）。用勺子轻轻挖出舌形物（橘色或黄色）（下图2）并将其放在小杯中（注意不要和淡水接触以免舌形物融化）（下图3）。扔掉其余的部位。

番茄贻贝配鱿鱼 ★
Zuppetta di cozze

这道料理以贝壳类动物和甲壳动物作原料，类似鱼汤，但汤汁要少得多，而且和烤面包片一起食用。

4人份

准备时间：30分钟
烹饪时间：25分钟

配料

8片乡村面包
足量的橄榄油
1千克贻贝
400克挖空的鱿鱼
250毫升白葡萄酒
4瓣蒜
1个红辣椒
400克去皮番茄
香芹

在面包片上涂上橄榄油并将面包烤熟。

清洗贻贝和鱿鱼。将贻贝放入有柄平底锅中，倒入橄榄油和白葡萄酒，文火慢煮（图1），直至贻贝壳裂开（约10分钟）。

将贻贝保温。过滤汤汁（图2、3）。

在另一个有柄平底锅中，将未剥皮的蒜用橄榄油和碎辣椒煎炒（图4）。

加入鱿鱼，稍稍煎炒，用白葡萄酒融化锅底的焦糖酱（图5）。待酒精蒸发，加入去皮番茄（图6），撒盐，加入碎香芹。烧煮5分钟。

在热锅里将酱料、贻贝和过滤出的汤汁混合在一起（图7）。

将其倒在烤面包片上食用。用几根香芹作点缀（图8）。

●主厨建议

您可以在这道料理中加入其他贝壳类动物（缀锦蛤、竹蛏等）或甲壳类动物（虾、深水大虾、海螯虾等）。也可以尝试不加番茄酱（意大利比安科地区的做法就是如此）。

海鲜沙拉 ★
Insalata di mare

4人份

准备时间：40分钟
烹饪时间：30分钟

配料

400克贻贝
200克鱿鱼
100克缀锦蛤
橄榄油
3瓣蒜
足量的香芹
1根胡萝卜
3根芹菜茎
1个柠檬
1片月桂叶
4只深水大虾
4只海螯虾
盐、胡椒粉
100克粉红四季豆或熟椰子（非必需）

清洗贝壳类动物。将贻贝和缀锦蛤倒入有柄平底锅中，加入橄榄油、捣成泥的1瓣蒜和1根香芹，大火烧煮，直至贻贝壳和缀锦蛤壳裂开。待其冷却。

清洗蔬菜并去皮。清洗鱿鱼。

将2升水烧开，加入胡萝卜、1根芹菜茎、1个柠檬的果皮、月桂叶、1瓣蒜、1根香芹。烧煮10分钟（图1）。

锅中放入鱿鱼、深水大虾和海螯虾。烧煮1分钟后，将虾取出并沥干。2分钟后也将鱿鱼沥干。

用橄榄油、盐、胡椒粉和柠檬汁制作柠檬酱。

将香芹切碎，将蒜捣成泥。

给3/4的贝壳类动物去壳后，全部放入沙拉盆中。在上面倒少许柠檬酱（图2）。

给深水大虾和海螯虾去皮，将虾沿纵向切成两半，去掉虾肠后，也放入沙拉盆中。

将鱿鱼切成小薄片（如果鱿鱼很小，就不用切了），和触角一起加入其他海鲜中（图3）。

如果您愿意，也可以加入四季豆。加入剩下的柠檬酱、蒜、碎香芹、盐和胡椒粉调味（第129页图4）。充分混合。用剩下的整贝壳作点缀。和烤面包片一起冷食。

4

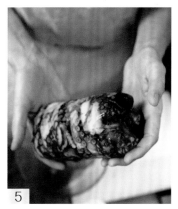

和胡椒调味。

●主厨建议

每千克章鱼烹饪1小时左右，如果章鱼太大，就提前用锤肉器捶打，或者在冷冻柜中冷冻24小时。

生章鱼片★★★
Carpaccio di polpo

4人份

准备时间：30分钟
烹饪时间：1小时
冷却时间：最少24小时

配料

1根芹菜茎
1根胡萝卜
1个洋葱
1.2千克章鱼
4颗刺柏子
7粒胡椒粒
4片月桂叶

调料

1瓣蒜
1个柠檬榨汁
碎香芹
盐、胡椒
百里香

用具

1个软木塞
1个塑料瓶

清洗蔬菜并去皮。仔细清洗章鱼并用长流水冲洗干净。在有柄平底锅中盛满水，将锅放在火上，锅中加入胡萝卜、洋葱、芹菜茎和香料。在水中加入软木塞（这样章鱼会更加柔软）。当水沸腾时，慢慢加入章鱼，烧煮1小时（图1）。

从锅中取出熟章鱼并脱水。将塑料瓶切成两半并保留下半部分，在底部打几个小孔。在瓶内交替放入章鱼和百里香叶（图2）。用玻璃杯将瓶压紧（图3），然后用橡皮筋（图4）或细绳固定好。

将塑料瓶放入玻璃器皿中，再放在冰箱温度最低的地方，冷却至少24小时。冷却时间到时，从塑料瓶中取出章鱼（图5），像切粗红肠一样将其切成薄片（如有必要，使用切片机）（图6），将薄片摆在盘中，加入碎香芹、柠檬酱（详见第128页）

生海螯虾片 ★
Carpaccio di scampi

4人份

准备时间：20分钟

配料

600克海螯虾
足量的橄榄油
1个黄柠檬
1根芹菜茎
玫瑰盐
白胡椒粉

给海螯虾去皮，去掉虾头，将虾身放在涂油的托盘上（图1）。用食品保鲜膜盖上虾身，用锤肉器轻轻压平（图2）。放进冰箱暂存。

将柠檬汁、盐和橄榄油混合在一起制作柠檬酱（图3）。食用前再将柠檬酱倒在海螯虾上。

将芹菜切成段，在盛冰水的器皿中浸泡几分钟（以免芹菜立刻干瘪）。在芹菜上撒一圈白胡椒粉（图4）。

立即食用。

魔鬼风味滨螺 ★
Lumachine di mare alla diavola

4人份

准备时间：20分钟
浸泡时间：1小时
烹饪时间：30分钟

配料

500克滨螺
400克去皮番茄
10根香芹
3瓣蒜
足量的橄榄油
1个或2个红辣椒（可根据您的口味增减）
120毫升白葡萄酒
1汤匙碎百里香
盐

用大水流冲洗滨螺，将滨螺放入盐水中浸泡1小时。轻轻捣碎番茄，然后清洗并切碎香芹。将蒜剥去蒜皮并捣成蒜泥。用少许橄榄油煎炒蒜泥、辣椒、3/4的香芹和碎百里香（图1）。加入沥干的滨螺（图2），烧煮5分钟，用白葡萄酒融化锅底的焦糖酱。待酒精蒸发，加入捣碎的番茄，烧煮30分钟（图3）。撒上剩余的碎香芹。和烤面包片一起食用，用签子等专业工具挖出滨螺肉。

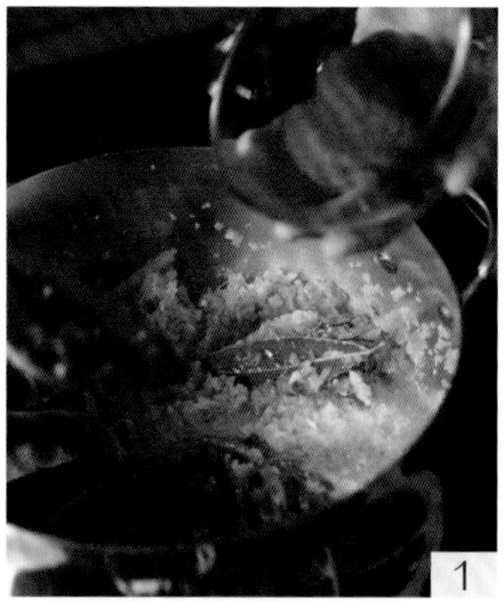
1

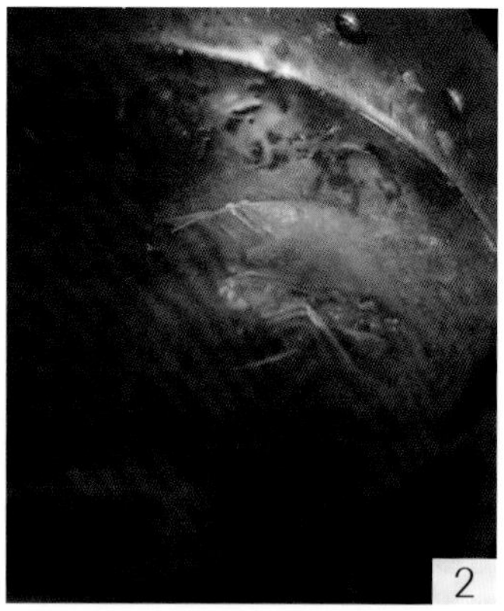
2

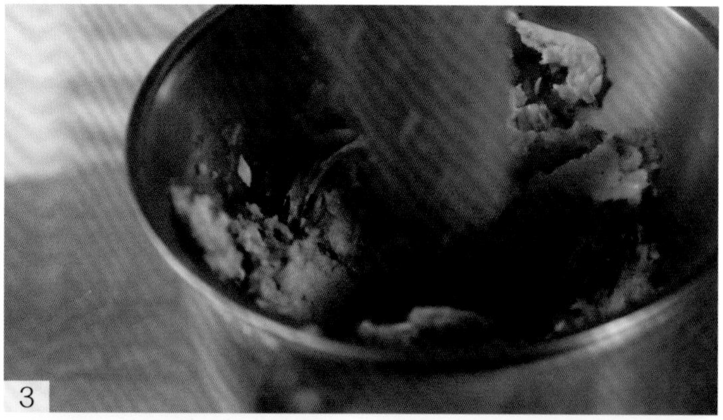
3

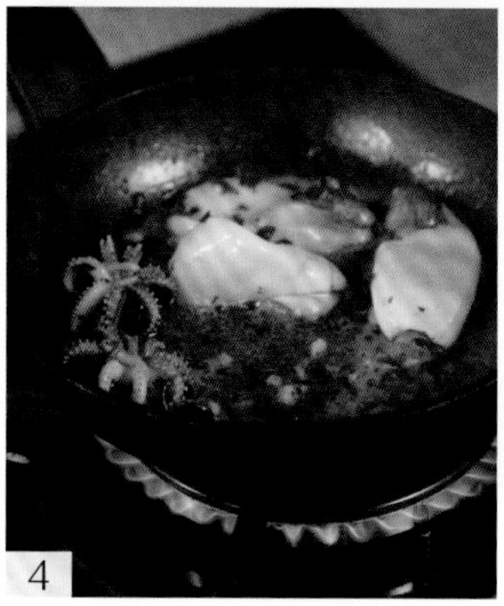
4

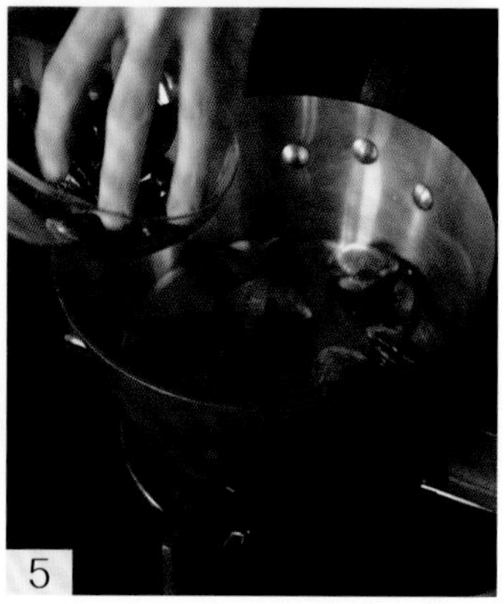
5

鱼汤★★★
Zuppa di pesce

在意大利，鱼汤一般是用鱼、贝壳类动物、软体动物和甲壳动物制成的。最好选用小岩鱼（其不能用来制作其他料理），不要选用蓝鱼（鳀鱼、沙丁鱼、鲭鱼、金枪鱼等）或者肥鱼（鲑鱼）。

6人份

准备时间：1小时
烹饪时间：1小时

配料

鱼汤

4个熟透的番茄或去皮番茄
1根芹菜茎
1根胡萝卜
1个洋葱
足量的橄榄油
3瓣蒜
1片月桂叶
5根香芹
1汤匙碎百里香
200毫升白葡萄酒
1千克掏空内脏的鱼（鲉鱼、火鱼、地中海鲷鱼、龙騰、江鳕鱼、小无须鳕鱼、海鲂、鳎鱼等）
盐

配菜

1千克鱿鱼
200克贻贝
200克缀锦蛤或竹蛏
300克虾或深水大虾或海螯虾
12小片烤面包

清洗蔬菜，去皮并切碎。在有柄平底锅中用橄榄油煎炒蔬菜。加入1瓣去皮的蒜、月桂叶、几根香芹和百里香。用150毫升白葡萄酒融化锅底的焦糖酱，使葡萄酒蒸发。

加入切成块的番茄（图1）和1.5升水，撒盐。待水烧开，加入冲洗干净的鱼。

烧煮1小时。

将甲壳动物放入汤中烧煮几分钟（图2），然后剥掉一部分外壳。留下外壳并将外壳放入汤中。烹饪结束时，将汤倒入绞菜机中，这样既可以搅拌又可以过滤（图3）。

清洗鱿鱼，如果体型较大，就切成几块；如果体型较小，就整只保留下来。在有柄平底锅中用橄榄油、1勺香芹和捣成泥的1瓣蒜煎炒鱿鱼（图4）。烹饪开始时，鱿鱼会产生大量水。待水蒸发后，用50毫升白葡萄酒融化锅底的焦糖酱，烧煮5分钟。

在另一个有柄平底锅中，放入贝壳类动物和1勺橄榄油，烧煮直至贝壳裂开（图5）。过滤汁水并加入汤中。取出贝壳，留下几个好看的整贝壳以作点缀。将海鲜均匀分放在几个热菜盘中。在上面浇上鱼汤并用甲壳动物、整贝壳和抹大蒜的面包片作点缀。倒入少许橄榄油后食用。

肉片

小牛肉片和小牛肉块

　　小牛肉是传统意大利美食不能绕过的食材。其中世界闻名的料理便是小牛肉片和小牛肉块（piccate）。这两种肉十分相像，都取自小牛的大腿肉或者大腿后侧的肉。小牛肉片非常薄（5毫米～1厘米），而小牛肉块要更厚些，而且大小是小牛肉片的1/3。烹饪时常用压肉机或者锤肉器捶打来使这些肉变软，小牛肉片要比小牛肉块压得更扁一些。通常给每位宾客提供1片小牛肉片或者3块小牛肉块。

● 烹饪须知

优质小牛肉颜色很浅、微微泛红。

一定要在长柄平底锅中同时烹饪所有的小牛肉片，否则每次烹饪新的肉片时就得更换黄油。

小牛肉片传统上用小牛肉制作，但您也可以用猪肉、家禽肉（火鸡、小鸡）或牛肉代替。

柠檬味小牛肉片 ★
Scaloppine al limone

4人份

准备时间：10分钟
烹饪时间：10分钟

配料

4片小牛肉片或12块小牛肉块（约500克）
50克面粉
80克黄油
1汤匙橄榄油
1个黄柠檬
1块浓缩家禽肉汤块
几根香芹
4片柠檬片
盐、胡椒

将食品保鲜膜盖在小牛肉片上，用锤肉器、木槌或擀面杖将肉片压扁（图1）。然后轻轻划破肉片的边缘，以免肉片在烹饪过程中变形（第139页图2）。随后给肉片裹上面粉（第139页图3），撒上少许盐。

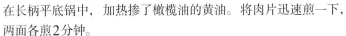

在长柄平底锅中，加热掺了橄榄油的黄油。将肉片迅速煎一下，两面各煎2分钟。

用柠檬汁融化锅底的焦糖酱（图4），将肉片暂搁一边。

重新把锅放在火上，加入1汤勺肉汤（如果您没有肉汤，就加水）以稀释酱汁底料（图5）。加入1小块黄油、碎香芹、柠檬片并重新放入小牛肉片，结束烹饪（约需2分钟）。

在小牛肉片上浇上汤汁食用。

其他版本

•**马沙拉葡萄酒味小牛肉片**：根据上述食谱制作小牛肉片，但是用马沙拉葡萄酒代替柠檬，而且不要加入香芹。

•**白葡萄酒味小牛肉片**：用优质白葡萄酒代替马沙拉葡萄酒。

•**帕瓦罗蒂香脂醋味小牛肉片**：根据上述食谱制作小牛肉片，但是用香脂醋代替肉汤，再加入50克切成丝的帕尔马火腿。不要放入柠檬。

•**戈贡佐拉奶酪味小牛肉片**：根据上述食谱制作小牛肉片，但是用格拉帕酒代替柠檬。加入肉汤及150克切成小块的戈贡佐拉奶酪。不要放香芹。

•**番茄牛至味小牛肉片**：在长柄平底锅中，加热橄榄油和捣成泥的1瓣蒜。放入小牛肉片，两面煎至金黄。加入1汤匙刺山柑花蕾和1汤匙黑橄榄。加入400克番茄果肉和1咖啡匙牛至，撒盐，加入胡椒，中火烧煮7～8分钟。关火，撒上切成薄片的马苏里拉奶酪。盖上锅盖，直至奶酪稍稍融化。立即食用。

●主厨建议

您可以和生菜沙拉、炸薯条、土豆泥、菜豆、四季豆、菠菜、玉米粥等菜品一起食用小牛肉片或小牛肉块。

意式煎小牛肉片 ★
Saltimbocca

意式煎小牛肉片（"saltimbocca"，字面意思为"跳到嘴里"！）是一道标志性的罗马料理。它是用极薄的小牛大腿肉片制作而成，外面包上火腿和鼠尾草，用牙签固定好。这道菜肴制作方法简单快捷，而且十分美味。saltimbocca经常会跟involtini混淆，后者是小牛肉馅的肉卷（通常里面有奶酪）。

4人份

准备时间：10分钟
烹饪时间：20分钟

配料

300克小牛肉片
120克干火腿
80克黄油
8片新鲜鼠尾草叶
100毫升白葡萄酒（罗马城堡干白葡萄酒是理想之选）
盐、胡椒

将肉片压平、压薄，这样就可以切成几个边长约10厘米的正方形，撒少许盐，加少许胡椒（图1）。

在每1块小牛肉片上放1片火腿和1片鼠尾草叶（图2），用牙签固定好（图3）。

在长柄平底锅中，加热半块黄油，用大火将肉片迅速煎一下，两面各煎2分钟，先煎有火腿的一面（注意不要将火腿煎得太过，否则火腿会变得很干）（图4）。

用白葡萄酒融化锅底的焦糖酱，结束烹饪，将煎小牛肉片保温。用2汤匙水稀释底料并加入剩下的黄油使汤汁变稠。

浇上汤汁食用煎小牛肉片。

●主厨建议

您可以选择四季豆、青豌豆、菠菜、土豆泥等作为煎小牛肉片的配菜。

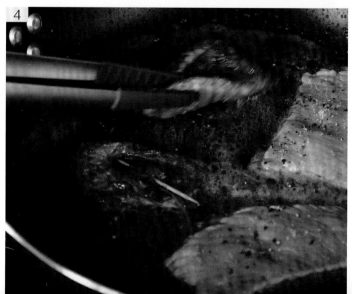

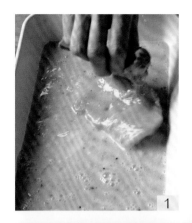

米兰风味小牛肋排★★★
Cotoletta alla milanese

米兰风味小牛肋排是伦巴第首府的标志性美食。许多17世纪的历史学家证明这道菜肴1134年起就出现在官方宴会的菜单上，其是为圣昂布鲁瓦斯教堂的教士准备的，被命名为"lombos cum panitio"。

4人份

准备时间：20分钟
烹饪时间：15分钟

配料

4块厚约2厘米的小牛带骨肋排（小牛的腰部肉）
200克黄油
1个整鸡蛋
足量的面包屑
盐、胡椒粉

在肉块的四周划几刀，以免烹饪过程中肉块变形。清洗骨头的部分，使骨头露出来，同时避免骨头与肉分离。
制作精炼黄油。在有柄平底锅中，文火慢煮切成小块的黄油，使其融化。撇去表面形成的泡沫，暂搁几分钟。用勺子舀出表面上含有脂肪的部分，再将其倒入一个器皿中，直至表面再无油脂。倒掉锅底的乳清。
在碗里打鸡蛋，和胡椒粉混合在一起，在盘中铺上一层面包屑。将小牛肋排在蛋液中蘸一下（图1），再裹上面包屑（图2）。在长柄平底锅中加热精炼黄油（图3），将小牛肋排在精炼黄油中煎制，两面各煎2分钟（图4）。
撒盐，浇上精炼黄油立即食用。

●主厨建议

您可以提前制作好精炼黄油，放在密封盒内在冰箱中保存数月。精炼黄油可以更好地抵抗高温，而且不会轻易被烧焦（冒烟点为180℃）。

●烹饪须知

按照鲜为人知的原版食谱，应当选用较厚的小牛带骨肋排。但流传最广的是简化版的食谱，选用的是更薄更松脆的小牛肉片，也被称为"大象的耳朵"。

其他版本

•**博洛尼亚风味**：根据上述的食谱制作出米兰风味小牛肋排，然后放上1片火腿和一些帕尔马奶酪碎屑，放入烤箱在210℃（调节器7挡）高温下烤制4分钟，浇上热番茄酱食用。

- **瓦莱达奥斯塔风味**：在肋排中间横切一刀，形成一个口子，放入芳提娜奶酪薄片（或者其他牛奶圆形奶酪）和几小片白松露。封好口，用重物轻轻敲打一下。给肋排裹上面粉（尤其是切口处，以便封好口）、蛋液和面包屑。然后根据上述的食谱制作。

- **摩德纳风味**：用一小块黄油煎炒切成薄片的洋葱和几小块咸猪肉，加入裹了一层面包屑的肋排，肋排煎至呈金黄色。用白葡萄酒融化锅底的焦糖酱，待其蒸发，加入1升汤汁、100克番茄果肉、盐和胡椒。翻转肋排，中火不加盖煎制10分钟。

●烹饪须知

您可以选择炸薯条、生菜、烤土豆等作为米兰风味小牛肋排的配菜。在意大利餐馆，尤其是国外的意大利餐馆，您经常会发现用番茄酱细面条或切面搭配米兰风味小牛肋排，实际上这完全不是意大利风味。在意大利，只有旅游区的餐馆才有这种搭配。

制作的建议

- 米兰风味小牛肋排传统上用小牛的里脊肉（小牛中间呈T字形的小骨头及附着的肉）制作。这种肉取自小牛肉的腰部。而米兰风味小牛肉片则用无骨肋排、大腿后侧的肉或大腿肉制作。

- 大部分米兰风味食谱中都有一个锤肉的步骤，这可以最大限度地将肉压平、压软。只有制作小牛肉片时才锤肉，这样您可以制作出极薄且和盘子一样大的米兰风味小牛肉片。牛脊肉太过柔软，不适合这步操作（锤肉）。

- 制作米兰风味小牛肉的关键在于煎制。需要确保肉均匀受热、迅速煎熟并且十分松脆。为此，应该将肉放入热油脂中。精炼黄油更适合这步操作，因为它能够很好地抵抗高温。您也可以用1小块掺了1勺橄榄油（可以增强耐高温性）的黄油代替精炼黄油。您也可以用葵花籽油，但是味道就不同了。千万不要单独使用橄榄油，因为它会使肉散发出一股强烈的味道。

- 有些米兰风味食谱建议给肉裹上一层面粉后再蘸蛋液，以便更好地粘住蛋液。低温下确实如此，但是烹饪过程中，面粉可能会导致肉上的面包屑脱落。同样，不要在蛋液中撒盐，烹饪过程中，盐会导致肉失去水分，还会导致面包屑脱落。

- 某些食谱建议将擦成丝的帕尔马奶酪和面包屑混合在一起。

- 米兰风味小牛肉片也可以冷食（经常和一片生菜、少许蛋黄酱一起夹在三明治中），这种情况下就要在小牛肉片煎熟后使其充分干燥。

- 为了方便宾客品尝肋排，您可以用烘焙专用纸或铝纸包住露出来的肋骨。

- 在室温下烹肉效果最好。

冰激凌和雪葩

冰激凌和雪葩

冰激凌享誉世界，意大利人功不可没。16世纪时，佛罗伦萨建筑师贝尔纳多·布翁塔伦蒂（Bernardo Buontalenti）发明的一种雪葩，成了美第奇家族餐桌上的美食。此外，亨利二世的妻子、美第奇家族的卡特琳娜将这种美食引入法国宫廷。其后查理一世的糕点师在英国对其进行了改进。17世纪时冰激凌在巴黎也大获成功、广受好评。18世纪末，一些意大利移民在美国开了第一批冰激凌店，这种甜点的成功促使威廉·杨（William Young）于1800年发明了雪葩调制器。

冰激凌（或者说冰奶油）与雪葩、粗粒雪葩不同，包含鸡蛋、牛奶和奶油。

制作的建议

制作冰激凌时，应考虑到冷却会减弱食材的香味，因此相比于常温下食用的甜点，需要增加糖的分量。

冰激凌机或雪葩调制器是理想工具。不过，没有这种机器也可以制作冰激凌：把冰激凌放入冷冻柜，每半个小时搅拌一次，直至完全凝固，或者将其放入冰格中冷冻，食用时再放到食品加工机中。

冰激凌

奶油香草冰激凌 ★
Gelato alla crema

4人份

准备时间： 20分钟
冷却时间： 2小时

配料

250毫升牛奶
250毫升稀奶油
半片香草（或1咖啡匙液体香草）
或半个柠檬的果皮
4个蛋黄
150克砂糖

用具

1个厨房用温度计
1个雪葩调制器或1个冰激凌机

在一个有柄平底锅中，加热牛奶和奶油。沿纵向切开香草，用刀刮出香草籽，将其放入锅中（第147页图1）。另一边，加糖直到使蛋黄发白（第147页图2），倒入热牛奶和热奶油（第147页图3），搅拌混合。将混合物再倒入锅中，在85℃的高温下加热2分钟（不要使混合物沸腾），同时不停地搅拌。将锅从火上移开，充分搅拌。将混合物放入冰箱冷却约2小时，再次搅拌，倒入雪葩调制器中（第147页图4），根据生产说明书操作（第147页图5）。在−18℃的低温下保存。

●烹饪须知

根据您想要的滑腻度，您可以增加牛奶的分量并相应地减少奶油的分量，或者相反。用400毫升牛奶和100毫升奶油制成的冰激凌油脂含量低，但滑腻度也要低些。

●主厨建议

您可以加入各种各样的配料，以改变冰激凌的味道：如碎榛子或榛子膏、咖啡粉、巧克力脆片（制作巧克力脆片冰激凌）、阿玛雷娜法布芮樱桃和樱桃汁（制作樱桃冰激凌）、开心果酱、水果泥、巧克力等。

1

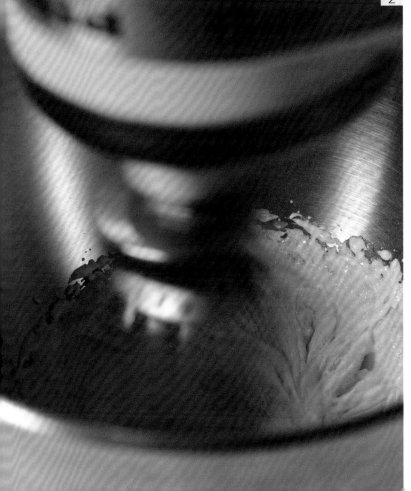

2

3

4

5

雪葩

柠檬雪葩★
Sorbetto al limone

4人份

准备时间：20分钟
冷却时间：2小时

配料

250克柠檬汁（橙汁、橘汁等）
半个柠檬的果皮
200克砂糖
1个鸡蛋的蛋清（加2汤匙糖搅拌至泡沫状）

用具

1个雪葩调制器或1个冰激凌机

将过滤出的柠檬汁或其他柑橘汁和擦成丝的果皮（图1）、糖（图2）混合在一起。使糖充分溶化，将混合物放入冰箱冷却约2小时。将混合物倒入冰激凌机（或雪葩调制器），启动机器。混合物一开始凝固，就加入搅拌至泡沫状的蛋清（图3），重新启动冰激凌机，直至完全冷却。放入冷冻柜的冷冻格中保存。

●烹饪须知

您也可以将雪葩放在玻璃杯中，和1勺伏特加酒一起食用，这是一种餐后酒，根据意大利的传统，常在吃完鱼后饮用。
您也可以将雪葩直接放在提前冷却的柑橘皮上保存或食用。

●主厨建议

传统上，用水制作柑橘雪葩、苹果雪葩、猕猴桃雪葩、甜瓜雪葩、西瓜雪葩，用牛奶制作红色水果冰激凌、香蕉冰激凌、梨味冰激凌、杏味冰激凌等。可以加入搅拌成泡沫状的蛋清或打发奶油，使得雪葩更黏稠，奶油含量更高，融化更慢。

草莓雪葩 ★
Sorbetto alla fragola

4人份

准备时间：20分钟
冷却时间：2小时

配料

200克砂糖
200毫升牛奶
400克熟透的草莓（或梨、杏、香蕉等）
1个鸡蛋的蛋清（搅拌至泡沫状）

用具

1个雪葩调制器或1个冰激凌机

在热牛奶中溶化糖。
清洗草莓，去掉果梗，放入搅拌器中搅拌，然后过筛，去掉一部分草莓籽。将草莓和冷却的牛奶混合。放入冰箱冷却约2小时。将混合物倒入冰激凌机（或雪葩调制器），启动机器。混合物一开始凝固，就加入搅拌至泡沫状的蛋清。重新启动冰激凌机，直至完全凝固。放入冷冻柜的冷冻格中保存。

●烹饪须知

您可以在混合物中加入几片碎罗勒叶，这样气味就更加清香、别具一格，也可以在食用时浇一层传统香脂醋。

●主厨建议

以酒为原料制作雪葩，需要将400克糖和400毫升水混合在一起，倒入冰激凌机（或雪葩调制器）。混合物一开始变硬，就加入8汤匙酒（朗姆酒、金万利酒、君度酒、伏特加酒等）和1个加了2汤匙糖并搅拌至泡沫状的蛋清。

杏仁粗粒雪葩 ★
Granita di mandorle

6人份

准备时间：15分钟
冷却时间：2小时

配料

300克杏仁膏
100克砂糖
1升温矿泉水
10克杏仁粉

用具

1个雪葩调制器或1个冰激凌机

在温水中溶化杏仁膏和糖（第151页图1），加入杏仁粉（第151页图2），用插入式搅拌器搅拌混合，将其倒入冰激凌机中（第151页图3），根据生产说明书操作。为了品尝到最理想的味道，请立即食用（第151页图4）。
您可以将粗粒雪葩放入冷冻柜，但是它可能会变硬。

●烹饪须知

食用粗粒雪葩在西西里很是流行，到处都是家中自制的粗粒雪葩，其口味各异：咖啡味、柠檬味、薄荷味、无花果味、桑葚味、西瓜味等。西西里人早餐时会将粗粒雪葩和加糖圆面包一起食用，有时也搭配打发奶油。

1

2

3

4

咖啡雪葩 ★★★
Semifreddo al caffé

咖啡雪葩是一种冰甜点，可以是独立的几份，也可以是一个大蛋糕的形状。主要由掺了打发奶油的卡仕达奶油和意式蛋白霜构成。

8人份

准备时间：45分钟
冷却时间：6小时

配料

制作200克卡仕达奶油配料
100毫升牛奶
1个蛋黄
50克砂糖
1汤匙面粉
1咖啡匙淀粉
20滴萃取咖啡
1汤匙朗姆酒
80克榛子膏
制作100克意式蛋白霜配料
2个鸡蛋的蛋清
60克砂糖
10毫升水
制作200克打发奶油配料
170克稀奶油
30克糖粉

用具

1个厨房用温度计

制作卡仕达奶油

把牛奶煮开。在一个器皿中，加糖直至使蛋黄发白，加入已过筛的面粉和淀粉，用力搅拌。在混合物中慢慢加入热牛奶，同时不停地搅拌。将混合物重新放在火上，烧煮1分钟。从火上移开，使其冷却，时不时搅拌混合物，以免表面形成一层膜。

制作意式蛋白霜

在蛋清中加20克糖，将蛋清搅拌至泡沫状。
在有柄平底锅中，加热40克糖和10毫升水，不停地搅拌，直至糖完全溶化且表面形成一些小气泡（115℃）。
将糖浆一点点倒入搅拌至泡沫状的蛋清中，同时不停地搅拌，

直至完全冷却。

制作打发奶油

在一个冷盆里，混合（提前放入冰箱冷却过的）稀奶油和糖粉，用力搅拌，直至形成非常硬实的尚蒂伊打发奶油（第152页图1）。
在卡仕达奶油中加入萃取咖啡、朗姆酒和榛子膏并搅拌混合。加入意式蛋白霜（第152页图2），用刮铲从低到高轻轻搅拌（第152页图3）。然后用同样方式加入打发奶油，注意保持混合物的蓬松。将混合物倒入几个蛋糕模子（第152页图4）或金属器皿中，在冷冻柜中放6小时。
出模时，只需用湿抹布浸湿模具外部。用巧克力脆片和咖啡粉作点缀。

浓缩香脂醋 ★
Salsa di aceto balsamico

准备时间：45分钟
冷却时间：6小时

配料

250毫升摩德纳法定地理产区的香脂醋
60克砂糖
250毫升红葡萄酒

在有柄平底锅中倒入香脂醋、砂糖和红葡萄酒，然后文火慢煮，使液体浓缩至一半（约煮30分钟）。

●烹饪须知

这道别具特色的调味汁十分适合搭配冰激凌或雪葩食用，尤其是香草冰激凌和草莓雪葩。

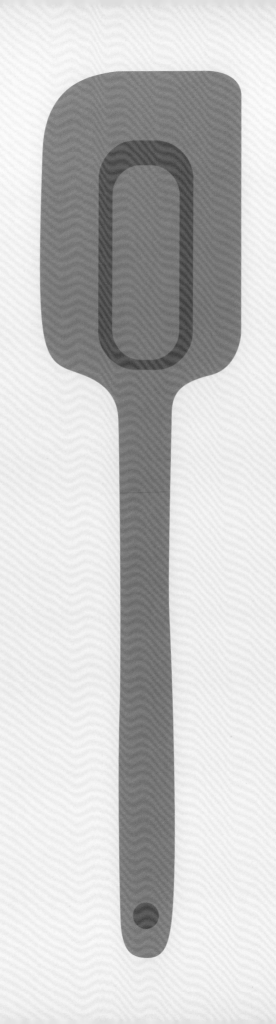

实用手册

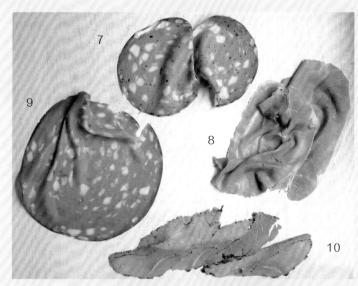

猪肉食品

　　萨拉米（salumi）是一种肉制品，或新鲜、或精制，多是用猪肉加工而成（但也可以是牛肉、家禽肉或其他任何肉等）。

　　它由整块肉或碎肉和香料制成。如果使用碎肉，就将碎肉和香料混合在一起，放入天然或人造的肠衣里。

　　然后加入调料并撒上盐，有时还会烟熏，还可能会精制或烹制。

火腿和风干肉 （见第156页）

1.烟熏火腿
2.风干牛肉
3.帕尔马火腿
4.风干马肉
5.撒奥利斯火腿
6.撒丁黑胡椒火腿

熟火腿、香肠、猪蹄香肠、熏猪肉香肠

7.黑松露香肠
8.熟火腿
9.博洛尼亚香肠
10.香辛蔬菜火腿

小香肠、猪肉肠

11.茴香辣椒香肠
12.茴香香肠
13.阿布鲁齐萨拉米香肠
14.费利诺萨拉米香肠 （Salami Felino）
15.猪肉肠 （Coppa）
16.辣椒香肠片
17.萨拉米小香肠 （Cacciatorino）

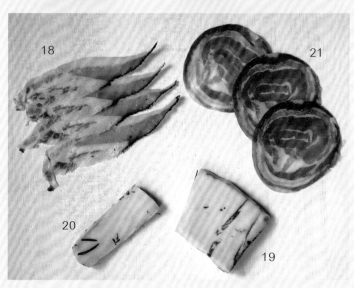

猪膘

18.猪脸颊肉
19.科伦纳塔精制猪膘
20.阿勒纳德香辛蔬菜精制猪膘
21.卷状意大利咸猪肉

奶酪

　　意大利有400余种不同的奶酪，其中45种受原产地命名保护。大部分奶酪都是用奶牛奶和绵羊奶制成的。虽然很少有山羊奶酪，但南部地区经典的水牛奶酪（坎帕尼亚马苏里拉水牛奶酪）却十分流行。

帕尔马奶酪（Le parmesan，法定原产地标识产品）

作为一种无挤压的硬膏状奶酪，帕尔马奶酪由生牛奶加热抑菌后制成，没有任何添加剂和防腐剂。每550升牛奶平均可以制成40千克帕尔马奶酪。凝乳一旦成形，圆盘形奶酪块就会被放进盐水中。奶酪发酵直至熟成需要12～36个月的漫长过程，甚至更长时间。大家普遍认为，奶酪大约在第24个月充分熟成。这时它能够释放出浓烈的香味，尤其是浓郁的柑橘味，并且呈现出颗粒状的结构。它还具有极强的可溶解性，不论是碎末状、片状还是块状，都可以用来制作菜肴。为了满足不同用途和消费需求，人们找到了三个确切的熟成时间点，分别是第18、22和30个月。（见下图）

坎帕尼亚马苏里拉水牛奶酪（La mozzarella di bufala Campana，法定原产地标识产品）

这是一种黏稠的膏状新鲜奶酪，由全脂的水牛奶制成。凝乳一旦成熟，就加入沸水，在沸水的作用下，凝乳呈现出马苏里拉奶酪特有的形状，或呈球形，或呈辫状。接着，人们使用一些传统的天然工艺进行熏制。制成的奶酪呈瓷白色，味道柔和，切开时散发出乳酸发酵素的清香。（见第159页图）

戈贡佐拉奶酪（Le gorgonzola，法定原产地标识产品）

这是一种未经煮制的带绿色霉点的软膏状奶酪。它由经过巴氏杀菌的全脂牛奶制成，人们在其中加入乳酸发酵素和精选的霉菌，从而使它呈现出特有的绿色霉点。戈贡佐拉奶酪分为两种：一种味道较柔和，呈奶油状，非常柔软，美味可口，微微刺鼻，至少需要2个月的酵熟过程；另一种味道刺鼻，呈硬膏状，可分成几份，有明显的绿色霉点，刺鼻味道显著，至少需要3个月的酵熟过程。（见第161页图）

里科塔*奶酪（La ricotta）

从严格意义上说，里科塔奶酪不是一种奶酪。它由奶酪生产过程中分离出来的乳清制成。人们再次煮制乳清，从而制成里科塔奶酪。它的原料可以是奶牛奶、水牛奶，也可以是绵羊奶、山羊奶。它包含的油脂比任何一种奶酪都少，但是仍然十分美味，并且适合于各种烹饪方式，咸甜皆宜。

---

*译者注：里科塔（ricotta）在意大利语中的意思就是"再煮制"，相当于英语的"recook"。

黏稠状奶酪

烟熏马苏里拉奶酪

布拉塔奶酪
（Burrata）

辫状马苏里拉奶酪

马苏里拉奶酪球

斯卡莫扎奶酪和
烟熏斯卡莫扎奶酪

鲜奶酪

里科塔绵羊奶酪

斯特拉希诺奶酪
（Stracchino）

里科塔水牛软奶酪

马斯卡彭奶酪
（Mascarpone）

里科塔奶牛软奶酪

罗卡范拉诺若宾拉奶酪
（Robiola di Roccaverano）

半鲜奶酪

半硬质干酪
（Raschera）

戈贡佐拉奶酪
（Gorgonzola）

塔雷吉欧山羊奶酪

波萝伏洛奶酪（注2）
（Provolone）

羊奶陈化奶酪（注1）
（Primosale）

塔雷吉欧奶酪
（Taleggio）

阿齐亚戈奶酪
（Asiago）

注1：主要出产自西西里和撒丁岛。当地用盐腌制奶酪，不加盐时叫"Tuma"，加盐放置一个月叫"Primosale"，再过四个月叫"Secondosale"，时间更长的称为"Pecorino stagionato"。
注2：一种咸味、熏制的梨形干酪。

面团（面条）

用软小麦面粉制作的简易面条或塞馅的面食

1. 花边宽条扁面（Reginette）
2. 千层面（Lasagne）
3. 尖头梭面（Pici）
4. 环状饺（Tortellini）
5. 切面（Tagliatelle）

6. 意大利馄饨（Cappelletti）
7. 菱形面（Maltagliati）
8. 细宽面（Tagliolini）
9. 小方饺（Raviol）
10. 意式菜饺（Pansotti）

11. 意大利传统宽面（Pappardelle）
12. 牧师帽饺（Agnolotti del Plin）
13. 小方片面（Quadrucci）

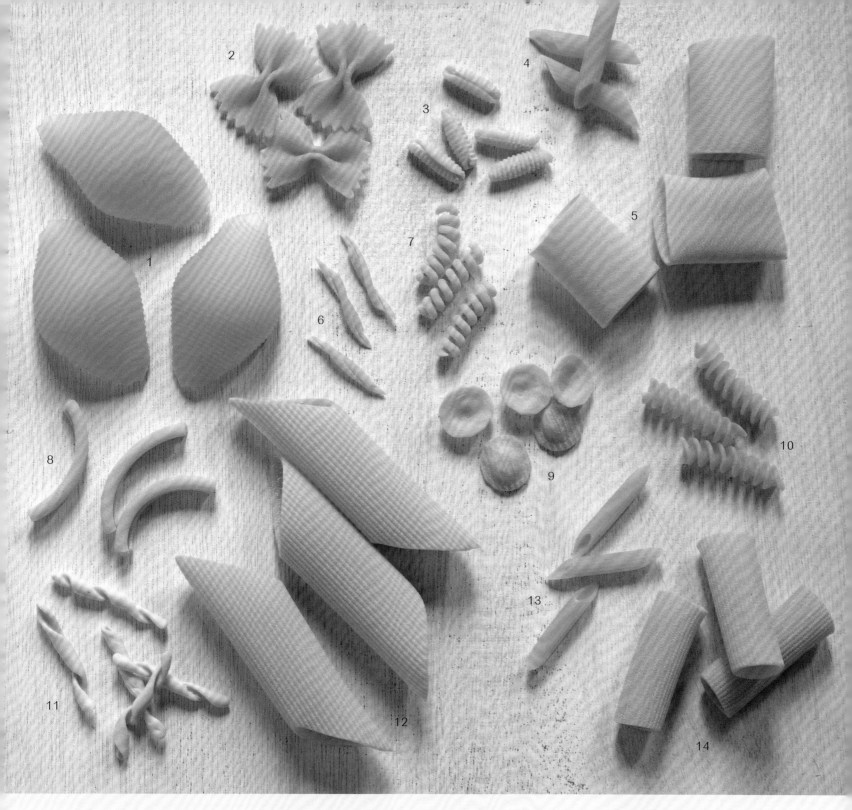

用硬质小麦粗面粉制作的短干面

1. 大贝壳面（Conchiglioni）
2. 蝴蝶面（Farfalle）
3. 小贝壳面（Gnocchetti sardi）
4. 笔管面（Penne）
5. 圆筒面（Paccheri）
6. 特飞面（Trofie）
7. 空心螺旋面（Fusilli bucati）
8. 卷轴面（Caserecce）
9. 猫耳朵（Orecchiette）
10. 螺旋面（Fusilli）
11. 传统卷条面（Fileja）
12. 粗笔管面（Pennoni）
13. 细笔管面（Penne mezzane）
14. 粗纹通心面（Rigatoni）

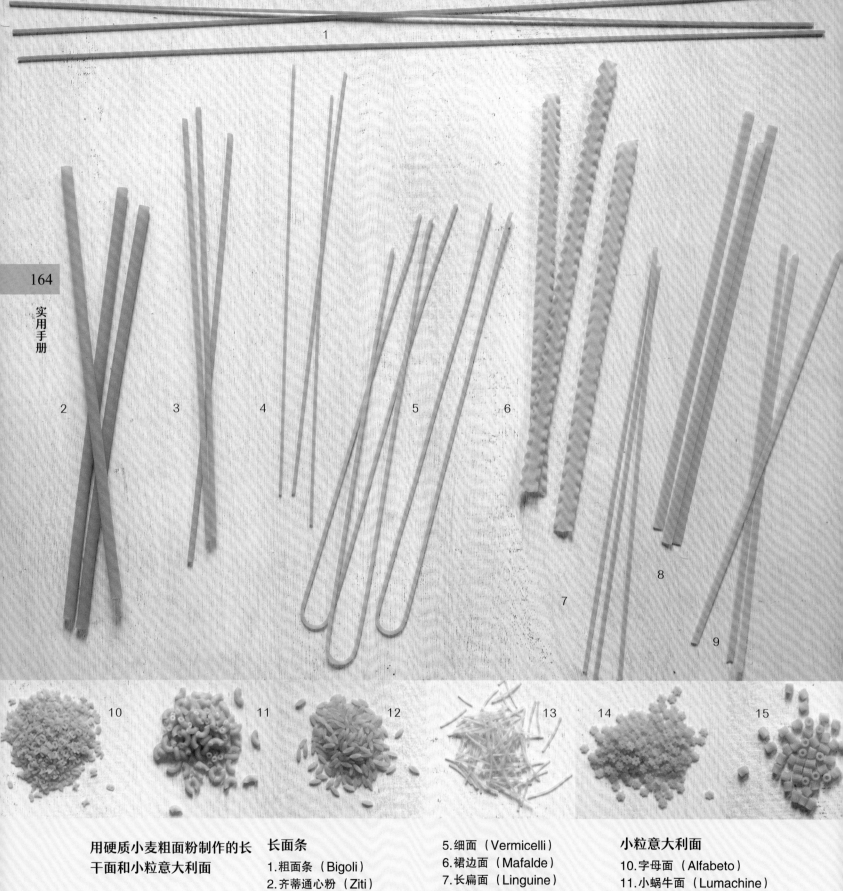

用硬质小麦粗面粉制作的长干面和小粒意大利面

长面条

5.细面（Vermicelli）

1.粗面条（Bigoli）
6.裙边面（Mafalde）

2.齐蒂通心粉（Ziti）
7.长扁面（Linguine）

3.小水管面（Bucatini）
8.丝带面（Fettuccine）

4.细面条（Spaghetti）
9.窄扁干面条（Trenette）

小粒意大利面

10.字母面（Alfabeto）

11.小蜗牛面（Lumachine）

12.小米粒面（Risi）

13.猫须面（Filini）

14.星星面（Stelline）

15.手指面（Ditalini rigati）

面和酱的搭配

给不同规格的意面搭配不同的酱料是一门艺术。没有严格的规定，每个人根据自己的口味选择。不过还是有一些基本原则。

考虑到馅的丰富性 带馅的面食一般搭配简单清淡的酱料（黄油和鼠尾草、奶油和黄油、橄榄油和帕尔马奶酪）。

薄面（细宽面、长扁面、意大利馄饨等）不能搭配太浓郁的酱料，这种酱料可能会掩盖面条本身的香味。

硬质粗小麦面粉制成的面条（味道稍淡）比鸡蛋鲜面条更易找到可搭配的酱料。

小粒意大利面（小米粒面、星星面、短意面）和轮形面通常用来点缀浓汤和汤汁，或者和黄油、帕尔马奶酪一起，给儿童食用。

因此根据想要制作的酱料选择面条的类型是十分重要的。

	面条	小水管面	卷轴面	蝴蝶面	螺旋面	长扁面	猫耳朵	圆筒面	笔管面	粗纹通心面	细面条	切面	齐蒂通心粉
酱料和配菜	大蒜橄榄油辣椒酱（Aglio, olio e peperonicino）					*					*		
	辣味培根番茄酱（Amatriciana）	*								*	*		
	微辣番茄酱（Arrabbiata）				*			*	*	*			
	烧烤酱（Au four）		*		*			*	*	*			*
	番茄肉糜调味酱（Bolognese）								*	*	*	*	*
	蘑菇酱（Boscaiola）		*	*	*				*	*		*	
	丸子（Boulettes）			*	*				*		*		*
	干酪酱（Carbonara）	*			*					*	*		
	卡莱提拉酱（Carrettiera）		*		*			*	*	*		*	*
	贻贝/蛤蜊（Cozze / vongole）								*		*		
	箭鱼（Espadon）	*		*					*		*		
	龙虾（Langouste）	*							*		*	*	
	番茄大蒜调味汁（Marinara）									*			
	那不勒斯酱（Napoletana）		*		*		*	*	*	*	*	*	*
	墨鱼墨汁（Noir de seiche）										*		
	香肠奶酪酱（Norcina）		*		*						*	*	
	诺玛红酱（Norma）	*	*	*	*		*	*	*	*	*		*
	海胆（Oursins）										*		
	香蒜酱（Pesto）			*	*	*					*		
	火腿青豌豆酱（Prosciutto e piselli）				*			*	*	*		*	*
	烟花女酱（Puttanesca）	*	*						*		*		
	海鲜酱（Scoglio）								*		*		

（意式烩饭指定米）
卡纳诺利米
（Carnaroli）

（意式烩饭指定米）
阿波罗米
（Arborio）

（野米）
维内尔黑米
（noir Venere）

（预煮米）
蒸谷米
（Parboiled）

（意式烩饭指定高品质米）
精制卡纳诺利米
（Carnaroli affiné）

橄榄油

橄榄油是用榨油机从橄榄中提取的油脂

橄榄油种类繁多，但是商店里能找到的几乎都是特级初榨橄榄油，这种油采用机制工艺（而不是化学工艺）提取，而且只是第一次压榨的产物。最优质的橄榄油通过冷压提取（提取工序的温度不超过27℃），能最大限度地保留营养物质。橄榄油口味各异：果味橄榄油、花籽橄榄油、辛辣橄榄油、苦橄榄油、青橄榄油、熟橄榄油、圆橄榄油、甜橄榄油和酸涩橄榄油。

学会看标签，尤其是标签上的产地是十分重要的

包装常常具有迷惑性，要检验橄榄的产地甚至品种是否在包装上有明确标出。所有其他的标注，即装瓶地点、分发地点、包装特点（商标、照片、颜色、图画）或者出售地点，都不能证明橄榄的真实产地。

寻找包装上的产地标识，看看是否受命名保护（意大利法定原产地标识、意大利法定地理产区标识、慢食协会保护产品标识）。缺少相关标注，说明这种橄榄油是多种橄榄组合而成，没有明确的产地。

厨房用橄榄油的使用须知

- 冒烟点：210℃（最好的炸制用油）。
- 1升橄榄油重915～919克。
- 保存：将橄榄油倒入不锈钢或玻璃容器中，放在阴凉避光处保存，在其生产后12～18个月内食用（详见包装上的生产日期）。

标识
意大利橄榄油

原产地命名	标识	地理产区
科洛托尼阿尔多橄榄油（Alto Crotonese）	DOP	卡拉布里亚
佩斯卡拉阿普鲁蒂诺橄榄油（Aprutino Pescarese）	DOP	阿布鲁齐
布里西盖拉橄榄油（Brisighella）	DOP	艾米利亚–罗马涅
布鲁齐奥橄榄油（Bruzio）	DOP	卡拉布里亚
卡尼诺橄榄油（Canino）	DOP	拉齐奥
卡尔托切托橄榄油（Cartoceto）	DOP	翁布里亚
经典基安蒂橄榄油（Chianti Classico）	DOP	托斯卡纳
克里昂多橄榄油（Cliento）	DOP	坎帕尼亚
布林迪西山丘橄榄油（Collina di Brindisi）	DOP	普利亚
罗马涅山丘橄榄油（Colline di Romagna）	DOP	艾米利亚–罗马涅
庞廷山丘橄榄油（Colline Pontine）	DOP	拉齐奥
萨勒尼塔纳山丘橄榄油（Colline Salernitane）	DOP	坎帕尼亚
提提娜山丘橄榄油（Colline Teatine）	DOP	阿布鲁齐
达奥诺橄榄油（Dauno）	DOP	普利亚
加达橄榄油（Garda）	DOP	伦巴第–特伦蒂诺–威尼托
伊比那-优菲塔山丘橄榄油（Irpinia-Colline dell'Ufita）	DOP	坎帕尼亚
伦巴第拉吉橄榄油（Laghi Lombardi）	DOP	伦巴第
拉美塔橄榄油（Lametia）	DOP	卡拉布里亚
卢卡橄榄油（Lucca）	DOP	托斯卡纳
莫利塞橄榄油（Molise）	DOP	莫利塞
埃特纳火山橄榄油（Monte Etna）	DOP	西西里
伊布雷山橄榄油（Monte Iblei）	DOP	西西里
索伦托皮尼索拉橄榄油（Penisola Sorrentina）	DOP	普利亚
普雷图齐亚诺山丘橄榄油（Pretuziano delle Colline）	DOP	阿布鲁齐
利古里亚海岸橄榄油（Riviera Ligure）	DOP	利古里亚
撒丁橄榄油（Sardegna）	DOP	撒丁
塞吉阿诺橄榄油（Seggiano）	DOP	托斯卡纳
的里雅斯特橄榄油（Tergeste）	DOP	弗留利–威尼斯·朱利亚大区
奥特朗多地区橄榄油（Terra d'Otranto）	DOP	普利亚
巴里地区橄榄油（Terra di Bari）	DOP	普利亚
奥伦切地区橄榄油（Terre Aurunche）	DOP	坎帕尼亚
塔兰托地区橄榄油（Terre Tarentine）	DOP	普利亚
托斯卡纳橄榄油（Toscano）	DOP	托斯卡纳
图西亚橄榄油（Tuscia）	DOP	拉齐奥
翁布里亚橄榄油（Umbria）	DOP	翁布里亚
马扎拉山谷橄榄油（Val di Mazara）	DOP	西西里
瓦尔德莫内橄榄油（Valdemone）	DOP	西西里
贝利切山谷橄榄油（Valle del Belice）	DOP	西西里
特拉帕尼山谷橄榄油（Valli Trapanesi）	DOP	西西里
威尼托瓦尔波利塞拉橄榄油（Veneto Vapolicella）	DOP	威尼托
弗杜雷橄榄油（Vulture）	DOP	巴西利卡塔

（译者注："DOP"指"法定原产区标识"。）

吉他状切面板

压面机

双轮刻线刀

轮状刀

边缘呈锯齿状的
糕点刀具

团子刻纹木板

擀面杖

夹塞
猪膘针

烹饪前用来
扎家禽翅膀
和脚的针

锤肉器

冰激凌勺

夹面钳

玉米粥案板

松露削片器

帕尔马奶酪刀

西西里卡诺里卷圆筒形模具

捣蒜泥器

潘多洛面包模具

意大利烩饭铜锅

比萨铲

炒面用平底锅

耐高温石板

意餐的结构

一顿完整的意餐包括开胃酒、开胃菜、第一道菜、第二道菜、配菜以及甜点、水果和咖啡。

开胃酒 （Aperitivo）

这是品酒的时刻，或是一杯葡萄酒，或是烧酒，或是鸡尾酒，抑或是无酒精饮料（意大利有许多无酒精饮料，专门作为开胃酒，类似用苦艾酒和荷兰开胃酒调制的鸡尾酒）。开胃酒往往配有几块分量极少的小点心（咸味小蛋糕、咸味干水果、奶酪、猪肉食品、蔬菜、酱料、面包、面条等）。开胃酒也可以变成以小点心为主菜的正餐。在意大利的咖啡馆中，开胃酒常常是一天中最令人愉快的一餐。

开胃菜 （Antipasto）

这道菜用来引出正餐，分量比主菜要少，可以用猪肉食品、蔬菜、鱼、肉等制作。

第一道菜 （Primo）

面条、意大利烩饭、汤、意大利浓汤、玉米粥都可以是第一道菜。这道菜是正餐的第一道菜，在主菜前食用。如果分量大、营养丰富齐全，这道菜也可以成为唯一的一道菜。

第二道菜 （Secondo）

这道菜是主菜，意大利语的字面意思是"抗饿"的菜。其用肉或鱼制作，佐以配菜。

配菜 （Contorno）

这是主菜的配菜，用新鲜蔬菜、干蔬菜、土豆或玉米粥制作。在意大利，传统上不用面条或米饭作为配菜（唯一的特例：米兰式烩牛膝配藏红花烩饭）。

甜点、水果和咖啡 （Dolce，frutta et caffè）

传统意餐以甜点结束，其后是一篮水果和不能错过的意大利超浓咖啡。在意大利，餐末已经基本不再食用奶酪了。

意大利家庭不会每天都准备如此复杂的一餐，这个结构在重大典礼上才会派上用场。在这种情况下，上餐顺序是开胃酒、许多冷开胃菜和热开胃菜、两道"第一道菜"、几道主菜和配菜、奶酪、甜点、水果、咖啡和餐后酒（格拉帕酒、柠檬酒、甜酒、苦酒等）。日常的一顿意餐一般包括一道"第一道菜"和一道主菜及配菜，如今单道菜的一餐也越来越常见。

意餐的另一个特点是对"本土"食物和海鲜的区分，这一区分十分明显且流传甚广。不论是在家中还是餐馆，都以这个区分为基础，要么制作一系列以肉、奶酪、蔬菜为原料的菜肴，要么制作一系列以鱼、甲壳类动物和蔬菜为原料的菜肴。不过典礼餐会上也可以将两者混合在一起。

意大利各大区特色食品

皮埃蒙特大区和瓦莱达奥斯塔大区

阿尔巴白松露 （Truffe blanche d'Alba）：一种淡赭色类型的松露，直径可达10～20厘米。可在10～11月间采集。

香脆面包棍 （Grissini）：一种细长的小面包，十分松脆，大小各异，可原味食用，也可加入橄榄油、橄榄、迷迭香或辣椒调味。

阿玛莱蒂杏仁饼干 （Amaretti）：一种小圆饼干，味道微苦，或硬或软，以甜杏仁和苦杏仁为原料。

萨隆诺芳津杏仁利口酒 （Amaretto di Saronno）：一种原产于萨隆诺的28度餐后酒，以杏仁和香辛蔬菜为原料。

萨伏依手指饼干 （Savoiardi）：一种软饼干，形状略长，用掺了鸡蛋的面糊制作而成，也是制作提拉米苏和意式海绵蛋糕（zuppa inglese）必不可少的配料。

意式榛子巧克力 （Chocolat gianduja）：一种以可可豆和榛子为原料的巧克力，这是各种皮埃蒙特食品的基础配料，比如梯形夹心小巧克力（giandujotti）或岩状榛子朗姆酒巧克力（cuneesi au rhum）。

碧奥瓦心形面包 （Biova）：这是一种小圆面包，重100～500克，面包皮很脆，面包屑极少，非常适合搭配这个大区的菜肴。

红莎莎酱（Salsa Rubra）：这是一种皮埃蒙特的典型酱料，起源于一种叫"红色浴缸（bagnet rosso）"的传统酱料，和美式番茄沙司十分相像。多与白煮肉、烤肉一起食用。

新鲜鸡蛋意大利面（Tajarin）：这是一种极薄（约3毫米）的意大利切面，用鸡蛋加帕尔马奶酪制成。最常与烤肉汁（al brucio）、黄油、鼠尾草一起食用，最奢侈的版本是和白松露一起食用。

法索内牛（Fassone）：一种皮埃蒙特的本地牛，屠宰量大，牛奶品质上乘，用途广泛。法索内牛正在申请意大利法定地理产区标识。

伦巴第大区

克雷莫纳芥末果酱（Mostarda di Cremona）：一种罐头食品，将水果（苹果、梨、樱桃、南瓜、无花果、橙子皮）浸泡在以糖和芥末为原料的酱汁中糖渍而成。多与白煮肉、烤肉一起食用。

玫瑰形面包（Rosetta o michetta）：一种中间鼓起来的（内部是空的）小圆面包，形如花朵。常作为配菜食用，因常用来制作意式三明治而著名。

潘娜托尼面包和科伦巴面包（Panettone et colomba）：这是两种松软香甜的圆面包，用面粉、鸡蛋、黄油、糖和酵母制成，此外还加入糖渍水果块和葡萄干。潘娜托尼面包形如圆屋顶，多在圣诞节时食用；而科伦巴面包形如白鸽，多在复活节时食用。不过还有许多由原食谱的变化而来的面包，如巧克力面包、柠檬酒面包、意式蛋黄酱面包等。

卢加内加猪肉肠（Luganega）：一种瘦肉肥肉皆有的长香肠，用新鲜的或精制猪肩肉制成，因多用于搭配玉米粥或香肠烩饭食用而闻名。

威尼托大区、特伦蒂诺·上阿迪杰大区和弗留利·威尼斯·朱利亚大区

巴伊科丽饼干（Baicoli）：一种含糖量极少的小饼干，与烤面包薄片相像，多于餐末和奶油甜点、甜酒一起食用。

潘多洛面包（Pandoro）：一种维罗纳典型的发面糕点，形如八角星形的圆屋顶。尤在圣诞节时食用。

平扎面包（Pinza）：一种含蜂蜜的甜面包，是复活节的传统美食。

利古里亚大区

拉加乔面包干（Biscotti del Lagaccio）：一种加了热那亚地区典型的八角茴香的芳香面包干。

芭喜（Baci）：一种小蛋糕，用杏仁粉和榛子粉制成两个半球，用巧克力奶油将两个半球粘在一起。

核桃莎莎酱（Salsa di noci）：一种以核桃、蒜、面包屑和橄榄油为原料的酱料，和利古里亚西部典型的琉璃苣小方饺一起食用。

塔贾橄榄（Olive taggiasche）：塔贾附近种植的一种芳香小橄榄，是各种美食的基础配料，如圣雷莫兔肉或橄榄酱。

圣雷莫红虾（Gamberi rossi di Sanremo）：一种中等大小的鲜红色的虾，虾肉十分美味，可生食。利古里亚西部和东部可捕捞到。

艾米利亚·罗马涅大区和马尔凯大区

费拉拉成对面包（Coppia ferrarese）：这是一种用两个螺旋状面团制成的面包，将这两个螺旋面团的中部粘在一起，形成一个"X"。每个面包的重量从80~250克不等。颜色呈金黄色，略带金色大理石花纹，气味浓郁、吊人胃口。

传统香脂醋：不为人知的宝藏

摩德纳传统香脂醋和瑞吉欧艾米利亚传统香脂醋（Aceto balsamico tradizionale di Modena et aceto balsamico tradizionale di Reggio Emilia）：传统香脂醋用未发酵但浓缩至30%~70%（根据年数不等）的白葡萄汁制成。葡萄汁随即被过滤、冷却、在酒桶中陈酿。

至少12年中，每次浓缩后的葡萄汁会被倒入越来越小的酒桶中，而每次的酒桶都是用不同的木头（橡木、栗木、樱桃木等）制成的。100千克葡萄汁最多能制得2升醋！制成传统精制香脂醋（affinato）至少需要12年，制成瓶装、有编号的特级香脂醋（extravecchio）至少需要25年。装香脂醋的瓶子（由著名的乔治亚罗绘制）是统一规格的，这是由传统香脂醋联合会（Consorzio dell'aceto balsamico tradizionale）确立的。标签会根据生产地不同而有所变化，摩德纳香脂醋会标注12年或25年，相应地，瑞吉欧艾米利亚香脂醋会附上银色或金色标签。商店里各种各样的醋都有"香脂"标识。除了传统香脂醋，还有法定地理产区香脂醋，这是一种优质香脂醋，但没有经过精炼，根据标签很容易识别。而其他大量的香脂醋产品多是一些仿品。

如何识别传统香脂醋？

瓶子有编号，并且有意大利法定原产地标识，价格很高（70~150欧元）。瓶子很小，容量绝不会超过100毫升。

所有传统香脂醋商号都是百年老字号，绝不会生产出品质不如竞争对手的香脂醋。这就是为什么这个等级的香脂醋都品质相当！应将香脂醋常温保存，并且与气味容易传染的食品隔开。

至于摩德纳法定地理产区香脂醋，判断品质最简单的方法是看标签上葡萄汁和醋的百分比：葡萄汁含量越高，香脂醋品质越好。（产品的配料表上，各种成分总是按含量由高到低排列。）

猪蹄香肠和肠衣香肠（Zampone et cotechino）：用去骨猪蹄和猪皮以及其他脂肪丰富的部位制成。将辛香作料（尤其是丁子香花蕾）、肉桂、胡椒、肉豆蔻、月桂叶和百里香混合在一起，给猪肉调味。将猪肉放到空猪蹄（猪蹄香肠）或者肠衣（肠衣香肠）中烹饪。

阿玛雷娜法布芮樱桃罐头（Amarena Fabbri）：这种意大利特产使得阿玛雷娜法布芮樱桃闻名世界。制作时将黑樱桃放入独特的芳香糖浆中糖渍，随后倒入白玻璃罐头中，用蓝色食物点缀。和冰激凌、甜点一起食用。

托斯卡纳大区和翁布里亚大区

诺尔恰松露和斯波莱托松露（Tartufo di Norcia e Tartufo di Spoleto）：一种高品质黑松露。

佛罗伦萨式牛肋排（Bistecca alla fiorentina）：这是一种牛肋排，多用（基亚纳山谷的）契安尼那牛的肋排制作，取自至少熟成20天的牛肋排，连带着T字形骨头一起切下来，一面是里脊肉，另一面是腰部肉，用柴火立即烤15分钟，每面再烤5分钟。只搭配盐、橄榄油或胡椒食用。

索托兰诺橄榄（Olive sotto ranno）：这是一种甜橄榄，用灰和水制成。

布里吉蒂尼茴香脆饼（Brigidini）：一种加了八角茴香的芳香奶油小点心，其形如瓦片，十分松脆。

科巴特（Copate）：一种圆形糕点，用两片典型的锡耶纳圣体饼夹蜂蜜和杏仁制成。

里恰雷利（Ricciarelli）：一种菱形饼干，以杏仁膏、糖渍水果和香草为原料。

锡耶纳琴塔猪（Cinta senese）：典型意大利猪肉品种，黑色的猪皮上好像系了一圈白色腰带。

拉齐奥大区、阿布鲁齐大区和莫利塞大区

拉奎拉藏红花（Zafferano dell'Aquila）：这种产自阿布鲁齐的藏红花非常有名。

意式烤猪（Porchetta）：这是意大利中部许多大区的典型料理。将猪的腿部和肩部切下来留作猪肉食品的配料，掏空猪的内脏，塞满辛香作料、茴香、蒜以及切碎的内脏。然后封好口，串在铁钎上，柴火慢烤。常切成肉片，夹在三明治中，在这些地区街上的猪肉店售卖这种肉片。

加埃塔橄榄（Olive di Gaeta）：一种玫瑰色大橄榄，常放入盐水中腌泡或用来提取同名橄榄油。

坎帕尼亚大区

意式千层酥（Sfogliatelle）：一种千层蛋糕，形如贝壳，其内部塞满里科塔奶酪，并加入柑橘皮和香草使其散发出芳香。

切塔拉鳀鱼露（Colatura di Cetara）：一种琥珀色稀酱汁，是将鳀鱼放在橡木桶里，加海盐发酵而成的。这种调味品用来给面条或蔬菜调味。

柠檬酒（Limoncello）：一种以柠檬（传统上是阿马尔菲和索伦特海岸产的柠檬）为原料的酒，常作为餐尾的冷饮。

普利亚大区和巴西利卡塔大区

芜菁（Lampascioni）：一种小鳞茎植物，和大蒜、洋葱属于同一个门类，味道微苦，常和香辛蔬菜一起制成油浸罐头。

无花果蜜（Miele di fichi）：用成熟无花果制得的蜜，制作当地甜点时当作糖用。

塞尼塞甜椒（Peperone di Senise）：这种红甜椒被穿在绳上露天晾晒。然后用油煎炸或者用来给各种各样的菜肴和罐头食品调味。当地人称之为"cruschi"（意为有刺激性的）。

卡斯塔尼德（Castagnedde）：一种栗子形状的蛋糕，以杏仁膏为原料，散发着香草味和柠檬味，上面有一层巧克力。

卡拉布里亚大区

辛辣猪肉黄油（Nduja）：一种涂面包用的液体香肠，以辣椒和猪肉为原料。

佛手柑（Bergamotto）：这是一种在这个大区内广泛种植的柑橘类水果，用来制作糕点或者香水。

西西里大区

泽比波（Zibibbo）：一种甜葡萄，用来制作风干葡萄酒（passito）和葡萄干。

马托拉纳杏仁蛋糕（Frutta della Martorana）：一种水果形状小蛋糕，以杏仁膏为原料。

金枪鱼鱼子（Bottarga di tonno）：一种以鸡蛋和干金枪鱼为原料制作的罐头食品。

潘泰莱里亚刺山柑花蕾（Capperi di Pantelleria）：这是高品质的刺山柑花蕾和伊奥利亚岛上的刺山柑花蕾。刺山柑花蕾分为"很小"（puntine）、"正常""大"三个等级。大刺山柑花蕾是山柑的果实，可以用来制作醋渍罐头（cucunci）。

布龙泰开心果（Pistacchi di Bronte）：这种卡塔尼亚地区的开心果世界闻名。其可以用来制作西西里开心果酱、开心果冰激凌和其他美食。

莫迪卡巧克力（Cioccolato di Modica）：一种以可可豆和红糖为原料的巧克力。

库巴伊塔（Cubbaita）：一种撒有芝麻粒的果仁软糖。

奥萨迪莫勒托（Ossa di morto）：一种加了丁子香花苞的芳香小蛋糕。

撒丁大区

脆皮面包（Pane carasau ou carta musica）：这是一种以不加酵母的硬质小麦粗面粉为原料制成的面包片，传统上用面包烤箱烘焙而成。可以就这样直接食用，也可以涂上橄榄油食用（pane guttiau），还可以用来制作千层面（pane frattau）。这种面包因其易于保存，曾是牧羊人常带去牧场的食物。

珍珠面（Fregola）：一种以硬质小麦粗面粉制成的小粒意大利面，加工成形后放进烤箱烘烤。传统上和一种以小缀锦蛤为原料制作的酱料（arselle）一起食用。

烤猪肉（Porcheddu）：一种小猪肉，用香辛蔬菜（薄荷、迷迭香、香桃木、月桂叶、鼠尾草等）调味，传统上在地上挖的洞（carraxiu）里用柴火烧烤。

香桃木（Mirto）：香桃木是一种芳香植物，其产的浆果几乎是黑色的。在撒丁大区，香桃木被用来给各种料理调味，还被用来制作香桃木酒。

慢食协会保护产品

慢食协会是一个1986年诞生于布拉（皮埃蒙特）的国际协会。由卡尔洛·佩特里尼创办，是对快餐持续快速的传播和到处改变传统饮食习惯的狂热的一种回应。慢食运动想要重新突出用餐时间的重要性和世界各地的美食传统。这个协会参与了生物多样性和人民食物主权的保护运动，反对味道的全球化、大规模农业和基因改造。慢食协会创立了两个独立于欧洲共同体法律的标识：慢食保护（Presidio，195种产品）和美味方舟（Arca del Gusto，412种产品）。这两个标识的使命在于找回并保护被大规模工业化、全球化和生态破坏所威胁的小型生产。

受命名保护的产品

DOP：法定原产地标识产品，共154种。这个标识只与产地有关，既有地理的因素，又有技术的因素。

IGP：法定地理产区标识产品，共95种。这个标识只与特定的地理产区有关。

STG：意大利传统特产保护产品，共2种。这个标识只与特定的传统生产方式有关。

AOP：受原产地名称保护的产品，其是在意大利特定地理区域、根据特定生产技术规范确立的。

受命名保护的产品

农产品

命名	描述	地理产区	标识
Aglio bianco Polesano	波勒萨诺白蒜	威尼托	DOP
Amarene Brusche di Modena	摩德纳阿玛莱纳樱桃	艾米利亚-罗马涅	IGP
Arancia rossa di Sicilia	西西里血橙	西西里	IGP
Asparago bianco di Bassano	巴萨诺白笋	威尼托	DOP
Basilico genovese	热那亚罗勒	利古里亚	DOP
Bergamotto di Reggio Calabria	卡拉布里亚佛手柑	卡拉布里亚	DOP
Cappero di Pantelleria	潘泰莱里亚刺山柑花蕾	西西里	IGP
Carciofo romanesco del Lazio	拉齐奥罗马朝鲜蓟	拉齐奥	IGP
Carciofo spinoso di Sardegna	撒丁带刺朝鲜蓟	撒丁	DOP
Castagna Cuneo	库内奥栗子	皮埃蒙特	IGP
Castagne del Monte Amiata	阿米亚塔山栗子	托斯卡纳	IGP
Cipolla rossa di Tropea	特罗佩阿红洋葱	卡拉布里亚	IGP
Fagiolo di Lamon della Vallata Bellunese	贝卢诺山谷拉蒙有大理石花纹的红菜豆	威尼托	IGP
Fagiolo di Sorana	索拉纳菜豆	托斯卡纳	IGP
Farro della Garfagnana	加尔法尼亚纳似双粒小麦	托斯卡纳	IGP
Fico bianco del Cilento	奇伦托白无花果	坎帕尼亚	DOP
Fungo di Borgotaro	博尔戈塔罗食用牛肝菌	艾米利亚-罗马涅	IGP
Lenticchia di Castelluccio di Norcia	卡斯特卢乔小扁豆	翁布里亚	IGP
Limone Costa d'Amalfi	阿尔马菲海岸柠檬	坎帕尼亚	IGP
Limone di Sorrento	索伦特柠檬	坎帕尼亚	IGP
Liquirizia di Calabria	卡拉布里亚甘草	卡拉布里亚	DOP
Marrone del Mugello	穆杰罗栗子	托斯卡纳	IGP
Mela Alto Adige	上阿迪杰苹果	特伦蒂诺·上阿迪杰	IGP
Mela di Valtellina	瓦尔泰利纳苹果	伦巴第	IGP
Melannurca Campana	坎帕尼亚阿奴卡苹果	坎帕尼亚	IGP
Mela Val di Non	诺恩山谷苹果	特伦蒂诺	DOP
Nocciola del Piemonte	皮埃蒙特榛子	皮埃蒙特	IGP
Oliva Ascolana del Piceno	阿斯科利皮切诺橄榄	马尔凯	DOP
Peperone di Senise	塞尼塞甜椒	巴西利卡塔	IGP
Pistacchio verde di Bronte	布龙泰绿开心果	西西里	DOP
Pomodorino del Piennolo del Vesuvio	维苏威小番茄串	坎帕尼亚	DOP
Pomodoro di Pachino	帕基诺番茄	西西里	IGP
Pomodoro San Marzano dell'Agro Sarnese-Nocerino	萨尔诺-诺切里诺阿格罗圣马扎诺番茄	坎帕尼亚	DOP
Radicchio di Chioggia	基奥贾菊苣	威尼托	IGP
Radicchio Rosso di Treviso	特雷维索红菊苣	威尼托	IGP
Radicchio Variegato di Castelfranco	卡斯泰尔弗兰科有大理石花纹的菊苣	威尼托	IGP
Riso del Delta del Po	波河三角洲米	威尼托、艾米利亚-罗马涅	IGP
Riso di Baraggia Biellese e Vercellese	韦尔切利和比耶拉山谷巴拉加米	皮埃蒙特	DOP
Riso Vialone Nano Veronese	维罗纳维亚诺内纳诺米	威尼托	IGP
Zafferano dell'Aquila	拉奎拉藏红花	阿布鲁齐	DOP
Zafferano di San Gimignano	圣吉米亚诺藏红花	托斯卡纳	DOP
Zafferano di Sardegna	撒丁藏红花	撒丁	DOP

奶酪和其他奶制品

命名	描述	地理产区	标识
阿齐亚戈奶酪（Asiago）	熟成6个月～2年的半熟奶牛奶酪	威尼托、特伦蒂诺	DOP
西拉马背奶酪（Caciocavallo Silano）	熟成2个月～2年的半硬质、黏稠状奶牛奶酪	普利亚	DOP
篮子奶酪（Canestrato）	新鲜或酵熟的半硬质、挤压、混合奶酪（奶牛奶、山羊奶、绵羊奶）	普利亚、巴西利卡塔	DOP
卡斯特马诺奶酪（Castelmagno）	熟成2～5个月的带绿色霉点的生奶牛奶酪	皮埃蒙特	DOP
撒丁费欧洛奶酪（Fiore Sardo）	熟成至少2个月的硬质生绵羊奶酪	撒丁	DOP
芳提娜奶酪（Fontina）	熟成3～5个月的半生奶牛奶酪	瓦莱达奥斯塔	DOP
深坑奶酪（Formaggio di Fossa）	在岩石中熟成3个月的生绵羊奶酪	艾米利亚－罗马涅和马尔凯	DOP
戈贡佐拉奶酪（Gorgonzola）	带绿色霉点的滑腻奶牛奶酪	伦巴第、皮埃蒙特	DOP
格拉娜帕达诺奶酪（Grana Padano）	熟成至少10个月的硬质熟奶牛奶酪	伦巴第、皮埃蒙特、艾米利亚－罗马涅、威尼托、特伦蒂诺	DOP
蒙塔西奶酪（Montasio）	半熟成3～18个月的硬质熟奶牛奶酪	弗留利－威尼斯·朱利亚、威尼托	DOP
马苏里拉奶酪（Mozzarella）	黏稠状奶牛鲜奶酪	意大利全国	STG
坎帕尼亚马苏里拉水牛奶酪（Mozzarella di bufala campana）	黏稠状水牛鲜奶酪	坎帕尼亚、拉齐奥、普利亚、莫利塞	DOP
帕尔马奶酪（Parmigiano reggiano）	熟成12～36个月的硬质熟奶牛奶酪	艾米利亚－罗马涅、伦巴第	DOP
罗马佩科里诺奶酪（Pecorino Romano）	熟成5～8个月的硬质熟绵羊奶酪	拉齐奥、托斯卡纳、撒丁	DOP
撒丁佩科里诺奶酪（Pecorino Sardo）	熟成20天～6个月的半熟、硬质绵羊奶酪	撒丁	DOP
托斯卡纳佩科里诺奶酪（Pecorino Toscano）	不同熟成时间的软质或半硬质绵羊奶酪	托斯卡纳、翁布里亚、拉齐奥	DOP
瓦尔帕达纳波罗伏洛奶酪（Provolone Valpadana）	熟成至少3个月的黏稠状奶牛奶酪	艾米利亚－罗马涅、伦巴第、威尼托、特伦蒂诺	DOP
坎帕尼亚里科塔水牛奶酪（Ricotta di Bufala Camapna）	水牛乳清制成的奶制品	坎帕尼亚、拉齐奥、普利亚、莫利塞	DOP
罗马里科塔奶酪（Ricotta Romana）	奶牛乳清制成的奶制品	拉齐奥	DOP
罗马里科塔奶酪（Robiola di Roccaverano）	生鲜奶牛奶酪	皮埃蒙特	DOP
罗马涅斯夸克洛内奶酪（Squacquerone di Romagna）	软鲜奶牛奶酪	艾米利亚－罗马涅	DOP
塔雷吉欧奶酪（Taleggio）	熟成40天的软质半鲜奶牛奶酪	伦巴第、皮埃蒙特、威尼托	DOP
皮埃蒙特托玛奶酪（Toma Piémontese）	熟成15～60天的奶牛奶酪	皮埃蒙特	DOP
凯撒瓦尔特林纳奶酪（Valtellina Casera）	熟成70天的熟奶牛奶酪	伦巴第	DOP

肉产品和精制猪肉食品

命名	描述	地理产区	标识
Abbacchio Romano	罗马小羊肉	拉齐奥	IGP
Agnello di Sardegna	撒丁小羊肉	撒丁	IGP
Bresaola della Valtellina	瓦尔泰利纳风干牛肉	伦巴第	IGP
Capocollo di Calabria	卡拉布里亚猪颈肉香肠	卡拉布里亚	DOP
Cinta Senese	锡耶纳琴塔猪	托斯卡纳	DOP
Coppa di Parma	帕尔马猪肉香肠	艾米利亚-罗马涅、伦巴第	IGP
Cotechino Modena	摩德纳熏猪肉香肠	艾米利亚-罗马涅、伦巴第、威尼托	IGP
Culatello di Zibello	齐贝洛风干火腿	艾米利亚-罗马涅	DOP
Lardo di Colonnata	科伦纳塔猪膘	托斯卡纳	IGP
Mortadella Bologna	博洛尼亚香肠	艾米利亚-罗马涅、伦巴第、威尼托、特伦蒂诺、皮埃蒙特、马尔凯、拉齐奥、托斯卡纳	IGP
Pancetta Piacentina	皮亚琴察咸猪肉	艾米利亚-罗马涅	DOP
Porchetta di Ariccia	阿里恰小猪	拉齐奥	IGP
Prosciutto di Modena	摩德纳火腿	艾米利亚-罗马涅	DOP
Prosciutto di Norcia	诺尔恰火腿	翁布里亚	IGP
Prosciutto di Parma	帕尔马火腿	艾米利亚-罗马涅	DOP
Prosciutto di San Daniele	圣丹尼耶列火腿	弗留利-威尼斯·朱利亚	DOP
Prosciutto Toscano	托斯卡纳火腿	托斯卡纳	DOP
Prosciutto Veneto Berico-Euganeo	威尼托火腿	威尼托	DOP
Salame Cremona	克雷莫内粗红肠	艾米利亚-罗马涅、伦巴第、威尼托、皮埃蒙特	IGP
Salame Felino	费利诺粗红肠	意大利全国	IGP
Salame d'oca di Mortara	莫尔塔拉鹅肠	伦巴第	IGP
Salamini italiani alla cacciatora	意大利猎人式小红肠	意大利全国	DOP
Soppressata di Calabria	卡拉布里亚压制粗红肠	卡拉布里亚	DOP
Sopressa Vicentina	维琴察香肠	威尼托	DOP
Speck dell'Alto Adige	上阿迪杰烟熏火腿	特伦蒂诺·上阿迪杰	IGP
Valle d'Aosta Jambon de Bosses	瓦莱达奥斯塔博斯火腿	瓦莱达奥斯塔	DOP
Valle d'Aosta Lard d'Arnad	瓦莱达奥斯塔阿勒纳德猪膘	瓦莱达奥斯塔	DOP
Vitellone bianco dell'Appennino Centrale	中部亚平宁白小牛肉	艾米利亚-罗马涅、马尔凯、托斯卡纳、阿布鲁齐、莫利塞、坎帕尼亚、拉齐奥、翁布里亚	IGP
Zampone Modena	摩德纳猪蹄香肠	艾米利亚-罗马涅、伦巴第、威尼托	

鱼

命名	描述	地理产区	标识
Acciughe sotto sale del Mar Ligure	利古里亚海盐渍鳀鱼	利古里亚	IGP
Tinca Gobba Dorata del Pianalto di Poirino	波伊里诺高平原金黄色驼背冬穴鱼	皮埃蒙特	DOP
Trote del Trentino	特伦蒂诺鳟鱼	特伦蒂诺·上阿迪杰	IGP

面包和糕点

命名	描述	地理产区	标识
Coppia Ferrarese	费拉拉成对面包	艾米利亚–罗马涅	IGP
Focaccia di Recco col formaggio	雷科奶酪烤饼	利古里亚	DOP
Pane di Altamura	阿尔塔穆拉面包	普利亚	DOP
Pane di Matera	马泰拉面包	巴西利卡塔	IGP
Pizza Napoletana	那不勒斯比萨	意大利全国	STG
Ricciarelli di Siena	锡耶纳杏仁蛋糕	托斯卡纳	IGP

其他产品

命名	描述	地理产区	标识
Aceto Balsamico di Modena	摩德纳香脂醋	艾米利亚–罗马涅	IGP
Aceto balsamico tradizionale di Modena	摩德纳传统香脂醋	艾米利亚–罗马涅	DOP
Aceto balsamico tradizionale di Reggio Emilia	瑞吉欧艾米利亚香脂醋	艾米利亚–罗马涅	DOP
Pasta di Gragnano	格拉尼亚诺面条	坎帕尼亚	DOP
Sale Marino di Trapani	特拉帕尼海盐	西西里	DOP

产品插图

菠菜

蒲公英

四季豆

野生芦笋

蚕豆

喇叭状小西葫芦

芹菜茎

罗马花椰菜

芝麻菜

矮甜椒

蔬菜

特雷维索菊苣

圣马扎诺番茄

黄洋葱

辣椒

牛心番茄

朝鲜蓟

特罗佩阿红洋葱

蔬菜

橄榄和刺山柑花蕾

加埃塔黑橄榄

石灰绿甜橄榄

阿斯科拉纳软橄榄

醋渍刺山柑花蕾

潘泰莱里亚盐渍刺山柑花蕾

切里尼奥拉青橄榄

山柑果实

塔贾橄榄

香辛蔬菜

百里香

薄荷

迷迭香

月桂叶

牛至

墨角兰

平香芹

鼠尾草

罗勒

香辛作料

小鸟辣椒

野生茴香

肉桂

肉豆蔻　肉豆蔻花

枯茗

八角茴香

刺柏子

藏红花

香草荚

丁子香花苞

黑胡椒

食谱

皮埃蒙特大区、瓦莱达奥斯塔大区

恩里科·克里帕
Enrico Crippa
推荐食谱

皮埃蒙特对于我来说，就是一片被诸神赐福的土地。这是一个物产丰饶、佳肴众多的大区：这里以阿尔巴白松露闻名，我的餐馆"皮阿萨多莫"（Piazza Duomo）就在阿尔巴；还有皮埃蒙特本地的法索内牛、桑布卡诺野生小羊肉、詹蒂莱圆形榛子，更不用说还有优质的葡萄酒和奶酪。对从事我这个职业的人来说，能在这里工作真是个好机会。

美食绝对是探索皮埃蒙特的一个重要环节。这里的美食旅游业也蓬勃发展起来。我们通过制作佳肴，向游客打开了另一扇门，让他们得以领略我们大区的美丽。

然而，我做的菜肴在扎根这片土地的同时，也与时俱进，口味清淡又别具特色。我自认为达到了现代与传统的平衡。一个厨师不应该局限于做菜，而应该在菜肴中处处体现出他对艺术的感受力，特别要注意菜肴的形状与颜色。这就是我的师傅古阿利特罗·马凯西（Gualitero Marchesi）大厨对我的主要教导。

桑布卡诺烤小羊肉、山羊奶酪、洋甘菊和石榴
Agneau sambucano rôti, fromage de chèvre, camomille et grenade

小羊肉

将4扇 "带血" 桑布卡诺小羊肉放在有柄平底锅中，和黄油、茴香、洋甘菊花和其他配料一起烹饪，直至小羊肉呈玫瑰红色。保温。

山羊奶酪

将山羊奶和琼脂一起煮沸。沸腾后，待其冷却，加入奶酪，搅拌混合制成奶油。

洋甘菊药茶

在有柄平底锅中，将水烧至90℃，然后从火上移开。在水中加入洋甘菊，浸泡4分钟。过滤药茶，将药茶倒入降温器中冷却。

洋甘菊药茶浓缩糖浆

低温混合木薯粉和药茶，浓缩直至得到糖浆。将糖浆倒入降温器中冷却。

石榴浓缩糖浆

低温混合木薯粉和石榴，浓缩直至得到糖浆。将糖浆倒入降温器中冷却。

最后一道工序

分别在4个供单人使用的盘子中，轻轻舀1勺鲜山羊奶酪，撒上洋甘菊花粉。在奶酪的右边，滴几滴药茶和石榴浓缩糖浆。在奶酪上放上小羊肉。将朝鲜蓟切成极薄的片，加入油和马尔顿盐调味，然后放在小羊肉上。最后撒上开水烫过的菊花，浇上1勺羊肉汁。

4人份

准备时间：1小时
烹饪时间：30分钟

配料

4扇桑布卡诺小羊肉
10克黄油
1小根野生干茴香梗
6朵洋甘菊干花
盐、胡椒

山羊奶酪

100毫升山羊奶
1克琼脂
50克鲜山羊奶酪

洋甘菊药茶

550毫升水
10克洋甘菊（或者幸福牌药茶）

洋甘菊药茶浓缩糖浆

40克木薯粉

石榴浓缩糖浆

20克木薯粉
6个石榴离心过滤得到250克果汁

最后一道工序

足量的洋甘菊花粉
4颗十分干净的利古里亚朝鲜蓟
40克啤酒花芽或菊花
马尔顿盐

配料:
酱料

4瓣蒜
150克盐渍鳀鱼
80克黄油
250毫升橄榄油

配菜

生蔬菜拼盘:
甜椒、红皮白萝卜、苦苣、茴香、芹菜茎、特雷维索生菜、韭葱、白洋葱、胡椒加盐拌朝鲜蓟、卷心菜、胡萝卜、苹果
柠檬汁
待煮的蔬菜: 红甜菜、刺菜蓟、土豆、萝卜、洋葱、菊芋、卷心菜、南瓜

任选

玉米粥 (详见第106页)

用具

1个陶制小锅 (锅底能均匀受热)
传统弗柔锅 (fojot) 或桌用小炉子

鳀鱼火锅 ★★
Bagna cauda

　　这种火锅传统上是在弗柔锅中食用的: 这是一种供单人使用的陶制器皿, 由碗和下面的烛台式菜肴保温器组成。 人们将生或熟的蔬菜浸泡在锅里食用。 这道菜肴适合聚会时食用, 除了冬季, 人们在葡萄收获的季节也会食用。

4人份

酱料的准备时间: 30分钟
泡蒜时间: 1小时
蔬菜的准备时间: 20～30分钟

剥掉蒜皮, 去掉蒜芽。 为了使蒜更易消化, 将蒜在牛奶中浸泡1小时。 将蒜切成极薄的小片, 捣成蒜泥。
把咸鳀鱼浸泡去盐, 去掉鱼刺。
给待煮的蔬菜去皮, 切成块状或片状。 给生蔬菜去皮并切块。 将易变黑的蔬菜 (茴香、 朝鲜蓟、 刺菜蓟等) 在加了柠檬汁的水里浸泡几分钟, 然后擦干。
将蔬菜拼盘摆好。

在陶制小锅里, 文火加热黄油和橄榄油 (以免烧焦), 在15分钟内, 缓缓加入蒜使其融化。 当蒜呈现奶油状时, 加入鳀鱼, 用刮铲搅拌, 直至鳀鱼也融化 (5分钟)。

在深砂锅、 放在蜡烛上的碗或者桌炉上的有柄砂锅中盛上这种酱料, 以达到保温的效果, 将蔬菜块浸泡其中食用。

● 建议配菜/配酒

阿尔巴或阿斯蒂巴贝拉干红葡萄酒 (法定产区葡萄酒)

● 主厨建议

如果您不喜欢吃蒜, 可以减少蒜的分量或者不将蒜捣成泥, 直接用蒜瓣给酱料调味, 食用前再将蒜瓣取出。 若是制作更清淡的火锅, 您可以用一块湿抹布刷洗、 擦拭白松露, 然后将其切成极薄的小片, 加入酱料中。 根据现在的流行趋势, 您也可以加入几勺稀奶油。

● 烹饪须知

您可以加入玉米粥片 (详见第106页) 作为蔬菜的补充。

技巧复习

盐渍鳀鱼 >> 第26页
生食蔬菜 >> 第15页
玉米粥的各种食用方式 >> 第106页

白松露鞑靼牛排 ★
Carne all'Albese

All' Albese意思是"阿尔巴式的"，阿尔巴是皮埃蒙特的一座城市。
这份食谱最大限度地突出了著名的阿尔巴白松露的风味。
这道菜肴中肉的理想之选是小牛肉。

配料

2瓣蒜
1个黄柠檬
1颗阿尔巴白松露
350克小牛大腿肉
足量的橄榄油
盐、胡椒粉

用具

1个松露削片器

4人份

准备时间：20分钟
腌制时间：1小时

剥掉蒜皮，去掉蒜芽，捣成蒜泥。将柠檬榨成汁。用一把干刷子清洗松露，刷掉尘土，如有必要，也可借助刀尖。然后用湿布擦拭松露并晾干。

您可以要求肉店师傅给您准备切好的鞑靼牛排。否则，您就只好自己将小牛肉切成小块，然后同时用两把磨尖的刀将小肉块切成薄肉片。

将蒜泥、橄榄油、盐和胡椒粉均匀搅拌，制成酱料给小牛肉调味。腌制约1小时。

食用前再加入柠檬汁，以免改变肉的玫瑰红色。

将鞑靼牛排均匀分放在几个盘子里。用松露削片器将白松露削成片，撒在牛排上。

● 建议配菜/配酒

巴巴莱斯科干红葡萄酒（法定产区优质葡萄酒）

● 主厨建议

一份古老的食谱要求把酱料和（盐渍或油浸）去骨鳀鱼泥混合在一起。如果您不喜欢吃蒜，可以用餐叉叉上（去皮去芽的）蒜瓣，调味的时候将餐叉插进肉里：蒜瓣会使白松露散发出淡淡的蒜味。

● 烹饪须知

随着时间的流逝，白松露会逐渐失去香味。因此获得食材后应该迅速食用，最多保存5天。将白松露用多用纸抹布包好，密封在玻璃器皿中，放入冰箱的蔬菜格保存。
白松露不能烧煮。

配料

1根胡萝卜
1根芹菜茎
1个洋葱
1/4个柠檬
3朵丁香花苞
2片月桂叶
5粒胡椒粒
250毫升白葡萄酒
600克烤小牛肉（大腿肉、大腿后侧肉、下方肌）
200克盒装油浸金枪鱼
4块油浸鳀鱼脊
2汤匙刺山柑花蕾
盐

蛋黄酱

2个蛋黄
1咖啡匙芥末
250～350毫升橄榄油
2汤匙白葡萄酒
盐

用具

1个小漏斗

金枪鱼酱浇烤小牛肉 ★
Vitel tonné

4人份

准备时间：20分钟
烹饪时间：约1小时30分钟

给蔬菜去皮并清洗。将柠檬切片。在1升盐水中，烧煮胡萝卜、芹菜茎、洋葱、丁香花苞、月桂叶、胡椒粒、柠檬和葡萄酒。放入烤小牛肉，烧煮约1小时30分钟。然后使小牛肉在汤汁中冷却。

在沙拉盆里制作蛋黄酱

打鸡蛋，将蛋黄和1撮盐、芥末一起搅拌。一点点加入少量橄榄油，同时不停搅拌，直至蛋液十分浓稠，加入白葡萄酒稍稍稀释。
捣碎金枪鱼。捣碎鳀鱼和1汤匙刺山柑花蕾。把这些食材都和蛋黄酱慢慢混合在一起。

将小牛肉切成薄片，摆在盘子上，浇上酱料，撒上剩下的刺山柑花蕾。用食品保鲜膜将其包起来，放进冰箱保存，食用的时候取出盛盘。

●建议配菜/配酒

朗格白葡萄酒（法定产区优质葡萄酒）

●主厨建议

在一份可以追溯至17世纪的古老食谱中，酱料是将小牛肉汤浓缩并加入用小漏斗过滤过的熟蛋黄、刺山柑花蕾、鳀鱼和金枪鱼调味的混合物而制成的。

●烹饪须知

这道菜肴既可以当作开胃菜，也可以当作主菜。

皮埃蒙特肉馅小方饺 ★ ★ ★
Agnolotti del Plin

4人份

准备时间：1小时30分钟
烹饪时间：2小时10分钟

最好前一夜就开始准备。
制作菜汤（详见第94页）。

揉面（详见第69页），同时加入1汤匙橄榄油，醒面。

制作馅料从剥掉蒜皮、去掉蒜芽、捣成蒜泥开始。给胡萝卜、芹菜茎和洋葱去皮，清洗干净后切成菜丁。给菊苣去皮，并清洗干净。将帕尔马奶酪和肉豆蔻擦成丝状。
在小锅中，用黄油和少许橄榄油将3种肉煎至金黄。然后加入蔬菜和迷迭香，烧煮5分钟，再加入蒜泥。撒盐，加入葡萄酒融化锅底的焦糖酱。待葡萄酒蒸发，在肉块上浇一部分菜汤。盖上锅盖，文火慢炖2小时左右，其间如有需要就加少许菜汤。

水煮菊苣，将其脱水后，用1小块黄油煎炒，然后切碎。

肉煮熟后，过滤汤汁，留作备用。将肉放入绞肉机中，选择较慢的转速，以便更好地控制馅料的黏稠度。加入菊苣、蒜、鸡蛋、帕尔马奶酪、肉豆蔻。加入适量的盐，撒上胡椒。

将面团擀成薄薄的面皮，切成几个宽5厘米的长条。在每个长条上每隔2厘米就放一小堆馅。把馅放满后，就将每个长条的一边折叠，盖在馅上。用力按压每堆馅四周的面皮，以便排出气泡，然后再将长条的另一边折叠，盖在上面。
将馅堆之间的面皮仔细捏紧，避免气泡存留。
馅料用完后，用轮状刀切断刚才紧捏的面皮，将小方饺分离开来。每个小方饺的规格是3厘米×1.5厘米。将小方饺放在托盘中，盖上干抹布，或者放在干燥器上。

制作酱料：在过滤出的肉汤中加入1小块黄油，如有需要，可以加入少许菜汤。把水烧开，将小方饺浸泡4分钟后，用漏勺捞出。

用酱料和擦成丝的帕尔马奶酪调味。

配料

面团

1份面团（详见第69页）
1汤匙橄榄油

馅料

1瓣蒜
1根胡萝卜
1根芹菜茎
1个洋葱
300克菊苣
50克帕尔马奶酪
1颗肉豆蔻
300克小牛肉（烤肉，
静脉肉或大腿肉圆形切片更佳）
200克猪肉（脊骨肉或肩部肉）
200克兔肉
20克黄油
1汤匙橄榄油
1根迷迭香梗
125毫升红葡萄酒
1升菜汤（详见第94页）
2个鸡蛋
盐、胡椒

酱料

馅料汤汁
黄油
帕尔马奶酪

● 建议配菜/配酒

阿尔巴多姿桃红葡萄酒（法定产区葡萄酒）

● 主厨建议

为了更好地品尝饺馅，有些餐馆提供"餐巾上的"小方饺，也就是说将小方饺用水煮熟后，裹在热餐巾中食用。可以用菠菜或卷心菜代替菊苣。

配料

1升牛肉汤
（或者小牛肉汤或家禽肉汤，但不要用浓缩汤块）
1颗阿尔巴白松露
40克帕尔马奶酪
1个黄洋葱
100克黄油
400克烩饭专用米（卡纳诺利米、阿波罗米、维亚诺内纳诺米等）
80毫升白葡萄酒
盐

用具

1个松露削片器

阿尔巴白松露烩饭 ★ ★
Risotto al tartufo

4人份

准备时间：20分钟
烹饪时间：20分钟

制作牛肉汤（详见第93页）

清洗松露，用一把干刷子刷掉尘土，如有必要，也可借助刀尖。用湿布擦拭松露并晾干。把松露的一小部分擦成丝，剩下的留到最后备用。

将帕尔马奶酪擦成丝。给洋葱去皮并将其切碎。

将黄油放入厚底有柄平底锅中，文火煎炒碎洋葱，不要使洋葱着色。当洋葱呈半透明状时，加入大米。在锅底翻炒米粒。用白葡萄酒融化锅底的焦糖酱。

酒精蒸发后，一勺勺地加入热肉汤，不要完全覆盖住米粒，每加1勺汤汁，就充分搅拌，使汤汁均匀分布在平底锅中。烹饪16～18分钟。品尝调味，如果味淡就撒少许盐。

关火，加入帕尔马奶酪和擦成丝的松露。充分搅拌混合。将其放在盘中，将剩下的松露用松露削片器削成片，撒在菜品上，最好在宾客面前摆盘。

● 建议配菜/配酒

朗格白葡萄酒（法定产区葡萄酒）

● 烹饪须知

可以用黑松露代替白松露。

🥄 技巧复习
苏打白葡萄酒烩饭 >> 第93页

巴罗洛葡萄酒炖牛肉 ★★
Brasato al barolo

　　牛肉是皮埃蒙特的传统美食之一。在方言中，"brasato"的意思是指这道菜肴是将锅放在壁炉里的炭火上烹饪而成的。

6人份

准备时间：1小时
腌泡时间：6～24小时
烹饪时间：3小时

剥掉蒜皮，去掉蒜芽，和鼠尾草、迷迭香一起捣碎。清洗、沥干蔬菜水，去皮并将蔬菜切成块状。

在牛肉里夹塞猪膘，用绳捆扎好。将其放入葡萄酒中，和蔬菜、月桂叶、肉豆蔻、肉桂一起腌制6～24小时。
将肉从腌泡缸中取出，沥干后将肉裹上面粉，放入锅中，用黄油和少许橄榄油煎至金黄。加入蔬菜，煎至着色。

加入腌泡汁调味，加盐，撒胡椒。盖上锅盖，文火慢炖3小时。烹饪快结束的时候，酱汁已充分浓缩，将肉取出，切成肉片。过滤酱汁，将酱汁浇在肉上。

●建议配菜/配酒

巴罗洛红葡萄酒（意大利的"勃艮第"葡萄酒）(法定产区优质葡萄酒)

●主厨建议

选择玉米粥（详见第101页）或土豆泥作为配菜。
剩下的牛肉汁可以用来给鸡蛋鲜面条调味（切面、细宽面等也可）。

●烹饪须知

您也可以将牛肉放入烤箱，在130℃（调节器4/5挡）高温下烘烤3小时。您可以用同一葡萄品种（内比奥罗葡萄）酿制的葡萄酒代替巴罗洛葡萄酒。

配料

2瓣蒜
几根鼠尾草
几根迷迭香
2个洋葱
1根胡萝卜
1根芹菜茎
80克片状猪膘
1瓶巴罗洛葡萄酒
1千克牛肉（牛腿排或牛肉片）
2片月桂叶
少许肉豆蔻
1根肉桂
足量的面粉
40克黄油
1汤匙橄榄油

腌鳗鱼 ★ ★
Carpione d'anguille

这是一道非常传统的腌制菜。选用生长在稻田里的一种鳗鱼，制作方法如下，可存放多日。

4人份

酱料的准备时间：30分钟
泡蒜时间：1小时
蔬菜的准备时间：20～30分钟

将蒜瓣剥皮，去芽后剁碎。洋葱去皮并切成圆薄片。

若鱼商未提前处理，将鳗鱼洗净后去皮。再次将鳗鱼清洗后，切成6～10厘米长的鱼块，将鱼块裹上面粉后放入食用油中油炸。随后将炸鱼块取出，放在吸油纸上吸去多余油脂，撒盐。

在平底锅中倒入少许橄榄油，随后放进洋葱片、蒜瓣、月桂叶、鼠尾草和黑胡椒粒翻炒。洋葱炒熟后倒入红葡萄酒醋，中火煮10分钟。

在等待洋葱冷却过程中，将炸好的鳗鱼块放置在空盘上。随后将冷却的洋葱平铺在鳗鱼块上。均匀地撒满牛至。
腌制1～2天后即可作为凉菜食用。

●建议配菜/配酒

格丽尼奥里诺红葡萄酒（法定产区）

●主厨建议

请勿将本菜与西葫芦、牛肉片、湖鱼或河鱼（如鲤鱼、冬穴鱼、鳟鱼）同食。

●烹饪须知

此道菜可存放多日并依旧保留其新鲜口感。它不仅可作为前菜和主菜，也同样是野餐菜品的绝佳选择。

配料

2瓣蒜瓣
4个洋葱
800克鳗鱼（去皮）
150克面粉
食用油
2汤匙橄榄油
2片月桂叶
10粒黑胡椒粒
500毫升高品质红葡萄酒醋
1咖啡匙牛至
盐

配料

600克芳提娜奶酪
350毫升牛奶
适量面包
80克黄油
6个蛋黄
黑胡椒粉

非必需配料

1颗白松露
醋腌罐头（醋渍小黄瓜、小洋葱等）

瓦莱达奥斯塔式火锅 ★
Fonduta valdostana

这是瓦莱达奥斯塔大区最为经典的一道滋补菜品，由芳提娜奶酪制作而成。芳提娜奶酪受名称保护，是一种软膏状的美味的奶牛奶酪。

6人份

奶酪准备时间：4小时
火锅准备时间：30分钟

将芳提娜奶酪切成薄片后放在牛奶中浸泡约4小时。

面包切片并烘焙，随后切成小块放入火锅中。

将黄油放在锅中融化（条件允许的话请尽可能使用黏土锅）。锅中倒入奶酪和一半牛奶。不停搅拌直至奶酪完全融化。

将蛋黄打进剩下的牛奶中，不停搅拌直至蛋黄和牛奶混合为奶油状。撒上黑胡椒粉后备用。

桌子正中间放上小暖炉，炉上放置有柄平底砂锅或炖锅。

将面包烘焙，随后切成小丁。用长柄叉子将面包丁叉好后放入火锅中。

●建议配菜/配酒

瓦莱达奥斯塔干红葡萄酒（法定产区）
瓦莱达奥斯塔灰比诺葡萄酒（法定产区）

●主厨建议

为提升火锅口感，可加入一些白松露或蘑菇薄片（用干布或湿布将其表面的泥土擦拭干净）。

●烹饪须知

本菜可当前菜或作为主菜单吃，食材中剩余奶酪可用来制作黄油玉米糊，即在玉米粥上撒上奶酪丝（做法详见第109页）。

鳀鱼酱浇甜椒 ★
Peperoni all'acciugata

配料
4个黄甜椒
100克盐渍鳀鱼
2片蒜瓣
30克黄油
50毫升橄榄油
3汤匙牛奶

4~6人份

准备时间：30分钟
烹饪时间：30分钟

将甜椒洗净，除去籽和白色茎脉后切成4部分备用。
清洗盐渍鳀鱼使咸味变淡，剔除中间鱼刺后将鱼肉剁碎。
蒜瓣剥皮，去芽后剁碎。

平底锅中倒入橄榄油和黄油，为防止菜品炒糊，用小火翻炒捣碎的蒜和鱼肉。倒入牛奶后搅拌均匀。随后放进甜椒，烧煮约30分钟。
本菜既可作为凉菜，也可作为热菜食用。您也可以将它涂抹在烤面包片上。

●建议配菜/配酒
阿斯蒂格丽尼奥里诺红葡萄酒（法定产区）

●主厨建议
为使菜品味道更加柔和，建议用锯齿状的削刨刀给甜椒削皮（这样削出来的甜椒皮能薄如番茄皮），或者将甜椒放在火焰上炙烤，并在放入密闭容器待其自然冷却后再进行剥皮。

●烹饪须知
这是一道在皮德蒙特地区常见的菜肴，做法简单，可作为前菜，也可搭配肉或鱼一起食用。

技巧复习
盐渍鳀鱼 >> 第26页

配料

4片明胶片
400毫升稀奶油
150毫升牛奶
175克糖粉
1汤匙朗姆酒

焦糖酱

150克砂糖
120毫升水

巧克力酱

100克甜品用黑巧克力
800毫升牛奶

果酱

红色水果，猕猴桃，杧果等
糖粉
1个柠檬

用具

6个直径6～8厘米的小干酪蛋糕模型
（高3～5厘米）
1个滤网
1个食品搅拌器

意式奶冻 ★ ★
Panna cotta

6人份

准备时间：20分钟
冷却时间：8小时

制作意式奶冻

干酪蛋糕模型内部用水浸湿，这样便于之后奶冻冷却后从模具中取出。

将明胶片放入少许冷水中软化。平底锅中倒入奶油、牛奶和糖粉，小火加热但不要将它们煮至沸腾。放入脱水后的明胶。小火持续加热并搅拌均匀。

将煮好的东西过筛，随后加入朗姆酒搅拌均匀。然后将其倒入蛋糕模具中，放置冰箱冷藏8小时。

食用时取出，根据个人喜好搭配不同的酱一起食用。

制作焦糖酱

平底锅中倒入砂糖和50毫升水。为使焦糖呈棕褐色，需用180℃火加热，因焦糖会迅速从金黄色转至棕褐色，加热过程中需仔细观察并不时晃动平底锅。焦糖呈棕褐色后，为防止焦糖烤焦，迅速将平底锅浸入大盆冷水中（小心不要被溅到）。加入70毫升水后等待其自然冷却。冷却后重新开火加热，等待焦糖完全溶化后关火，自然冷却。焦糖酱制作完成。

制作巧克力酱

将黑巧克力切成小块后隔水加热。巧克力开始融化后倒入热牛奶并搅拌均匀。

制作果酱

将水果（草莓、覆盆子、猕猴糖、杧果等）洗净后削皮。在食品搅拌器中放入处理好的水果，糖粉和几滴柠檬汁搅拌均匀。如有需要的话可以使用滤网，比如用滤网过滤掉覆盆子的籽。

●建议配菜/配酒

波哥酒庄，罗阿佐洛温德米亚晚收葡萄酒（法定产区）
科瑟蒂酒庄，阿奎的布拉凯多优质葡萄酒（法定产区）

●烹饪须知

50年前，意式奶冻只出现在皮埃蒙特南部山区，且只搭配焦糖酱和巧克力酱。
搭配果酱一起食用的吃法是最近才开始流行的。

伦巴第大区

纳迪娅和
乔瓦尼·圣蒂尼
Nadia et Giovanni Santini

推荐食谱

我们和烹饪的故事其实源自家族的传承。

纳迪娅跟随安东尼奥的祖母不仅学习到了制作意大利面和意大利调味饭的祖传技艺，更尊重并升华了当地特色产品。

如今，我们母子一起工作。阿尔贝托（安东尼奥的哥哥）和安东尼奥一起，负责挑选葡萄酒和接待客人。我们的餐馆并不大，一天最多接待30位客人，但每一道菜我们都用心烹饪。对于近年来获得的诸多荣誉我们备感荣幸，但荣誉并不是我们致力于追求的东西。我们将怀着热情继续努力，对食物味道的极致追求激励着我们把每一道菜都做得完美。

藏红花和朝鲜蓟配意大利烩饭
Risotto aux pistils de safran et artichauts croquants

将藏红花雌蕊放入盛满温水的容器中浸泡1小时。

处理朝鲜蓟

将根部切掉，剥掉外面的厚叶，将朝鲜蓟切成大小相等的两部分。视个人需求将其根须切掉并切成薄片。平底锅中放入黄油和迷迭香，随后加入朝鲜蓟薄片一起翻炒。不停翻炒直至朝鲜蓟变成金黄色。

加热肉汤

在平底锅中放入15克黄油。将切成薄片的洋葱放入平底锅中煎至金黄色。将洋葱倒出，一次性倒入所有米饭，不停用木勺搅拌直至饭粒变成金黄色。
从加热后的肉汤中舀出1汤勺肉汤浇在米饭上，待米饭完全吸收肉汤后用大火加热，并不时将米饭搅拌均匀。烹饪快要完成时，将水浇在藏红花上。随后加入剩下的黄油和帕尔马奶酪。
再次搅拌均匀后将米饭装盘。将米饭放在朝鲜蓟中。做好后应尽快食用。

4人份

准备时间：30分钟
浸泡时间：1小时
烹饪时间：20分钟

配料

2克藏红花
2朵紫色朝鲜蓟
2块黄油（用于制作朝鲜蓟）
1段迷迭香
1.5升肉汤
1个小洋葱
250～300克维阿龙圆米
30克黄油
40克磨碎的帕尔马奶酪
盐

意式米兰烩饭 ★ ★
Risotto alla milanese o riso giallo

和意大利所有名菜一样，从2007年开始，意式米兰烩饭成为受米兰市名称保护的一道菜肴。

6人份

准备时间：30分钟
烹饪时间：14～18分钟

洋葱剥皮后剁碎，牛骨髓剁碎。如有必要，将哥瑞纳帕达诺奶酪弄碎。
在底部较厚的平底锅中放入50克黄油和牛骨髓，黄油融化后加入剁碎的洋葱，用小火将洋葱煎至金黄色。

倒入米饭并搅拌均匀，确保每一粒米饭都能沾上调味品。用中火烹饪。

将火调大，倒入1汤勺肉汤，不时用木勺将米饭和汤搅拌均匀。

随着汤汁不断被吸收，继续加入肉汤直至烹饪结束。根据米饭用量不同，烹饪时间为14～18分钟不等。烹饪时间应从加入第1勺肉汤并等到锅煮开后开始计算。做好的米饭应有嚼劲。

如果您使用的是藏红花花粉，为使菜品保有香味，请在烹饪最后再放入藏红花花粉。
如果您使用的是藏红花花蕊，请先用少许肉汤将味道进行调和，并将其在烹饪进行到2/3处时加入。

烹饪结束后关火，放入剩下的黄油。用木勺不停搅拌直至黄油完全融化。
放入哥瑞纳奶酪碎，继续用木勺搅拌，为避免将饭粒拌碎，搅拌时要轻柔。
如有必要的话可撒入少许盐调味。

做好的米兰烩饭应轻微呈液体状，饭粒虽粒粒分开但口感应醇香滑腻。

为达到理想的烹饪效果，请不要一次性制作7～8人份的米兰烩饭。

将米兰烩饭盛入热盘中。并为食客在餐桌上准备好勺子和哥瑞纳帕达诺奶酪碎。

●建议配菜/配酒

博斯克酒庄 科特弗兰卡红葡萄酒（弗朗齐亚柯达法定产区）

●主厨建议

米兰烩饭一旦做好应立即食用。应该是让食客等待佳肴而不是让佳肴等待食客。

配料

1个黄洋葱
30克牛骨髓
60克哥瑞纳帕达诺奶酪
75克黄油
550克米饭（卡纳罗利米、
阿波罗米或者维阿龙圆米）
2.5升牛肉汤（做法详见第93页）
2克藏红花花蕊或藏红花粉
盐

技巧复习

苏打白葡萄酒烩饭 >> 第93页

配料

荞麦面

300克荞麦面粉（或黑麦面粉）
100克T55面粉
220～240毫升水
2个鸡蛋（可选）
1汤匙橄榄油
盐

酱汁

50克卡士拉奶酪或芳提娜奶酪或母牛干酪
20克帕尔马奶酪
1个洋葱
150克土豆
200克甜菜（如此时是夏季）或绿卷心菜（如此时是冬季）或菠菜
30克黄油
几片鼠尾草
1瓣蒜
盐，磨碎的黑胡椒粉

用具

擀面杖
意大利面干燥机

瓦尔泰利纳荞麦干面 ★ ★
Pizzoccheri della valtellina

本菜由荞麦面粉制作而成，最常见的搭配是与应季蔬菜和当地的奶酪一起食用。

4人份

准备时间：1小时
发酵时间：30分钟
烹饪时间：25分钟

制作荞麦面

在表面光滑（最好是木制容器）的容器或者生菜盆中筛滤面粉。在面粉中间掏一个小洞，依次加入温水，鸡蛋，油和盐。缓慢搅拌，注意不要将面粉溅出容器外。搅拌均匀后开始揉面，要尽可能用力挤压面团。揉好的面团应光滑均匀（大约需要10分钟）。随后将面团用保鲜膜包好放置通风处发酵30分钟。

面团发酵好后放置于平面上（最好是木板），用擀面杖从面团中间开始向外进行擀面。

擀面过程中需经常将面团转向（90度）和翻面。需将面团擀成约3毫米厚的长条，然后切成规格为6厘米×1厘米的面条。

如果您没有面团干燥机，请在托盘上铺一层干布，将面团裹上一层薄薄的面粉后放在干布上。

制作酱汁

将奶酪切成小块。洋葱剥皮后切成薄片。土豆削皮并切成小块。将甜菜（或卷心菜或菠菜）洗净并切成带状。
锅中倒入盐水煮沸。然后放入甜菜，卷心菜或菠菜煮8～10分钟。放入土豆块，水沸后继续煮3分钟。之后放入面条，煮4分钟。
平底锅中放入黄油，洋葱片，鼠尾草和蒜瓣一起翻炒。
将面条从水中捞出（并放置一旁等水分沥干）。平底锅中加入奶酪块和少量水后继续翻炒。然后将酱汁盛出浇在面上，最后撒上磨碎黑胡椒粉。

●建议配菜/配酒

拉伊诺尔迪酒庄，萨尔塞特级陈酿葡萄酒（瓦尔泰利纳法定产区）

●主厨建议

其他做法：酱汁中加入黑松露奶酪，最后以松露薄片加以点缀。
烤箱做法：您可以选择用烤箱来代替用平底锅将面和酱汁进行翻炒的做法，将面条放置在烤箱托盘上，并在面条上放一些奶酪薄片，然后将托盘放入烤箱烘烤。食用前再撒一些帕尔马奶酪调味。

烩小牛胸腺 ★ ★
Animelle in fricassea

　　从传统做法来说，本菜由白肉或者小牛胸腺制作而成，酱汁黏稠，烹饪完成后以鸡蛋和柠檬汁加以点缀。

6人份

浸泡小牛胸腺时间：至少4小时
准备时间：30分钟
烹饪时间：30分钟

将小牛胸腺放在冷水中最少浸泡4小时。浸泡过程中应不时更换冷水。

将水煮沸，将小牛胸腺放入水中烫煮5分钟。然后去皮。随后将牛肉用冷水清洗。将牛肉切成小块。

将洋葱剥皮并剁碎。在平底锅中倒入黄油后放入洋葱，将洋葱炒至金黄色，随后放入牛肉块。加入盐和胡椒粉。小火烹饪15分钟。

将鸡蛋打入碗中，并加入柠檬汁和牛肉汤。随后倒在小牛胸腺上并搅拌均匀，注意不要使其沸腾。当酱汁变得较为黏稠的时候，本菜就可作为热菜食用了。

●建议配菜/配酒

博斯克酒庄，霞多丽葡萄酒（科特弗兰卡法定产区）

●主厨建议

您同样可以选择用鸡肉、小牛肉或羔羊肉作为食材来烹饪本菜，根据所选食材的不同灵活调整烹饪时间。您也可以将朝鲜蓟提前烫煮后切块，用于装饰本菜。或者您也可以只用朝鲜蓟作为食材专门为素食主义者烹饪此菜。

配料

750克小牛胸腺
1个洋葱
60克黄油
2个鸡蛋
1个柠檬
125毫升牛肉汤（做法详见第93页）
盐，胡椒粉

配料

100克白色四季豆
300克去皮番茄，新鲜番茄或番茄罐头均可
1棵芹菜
1个洋葱
1个胡萝卜
1千克牛肚
50克黄油
几根鼠尾草
250毫升牛肉汤（做法详见第93页）
帕尔马奶酪碎
盐，黑胡椒粉

米兰式炖牛肚 ★
Trippa alla milanese

4人份

四季豆浸泡时间：1晚
准备时间：30分钟
烹饪时间：4小时

需提前一天准备

提前将四季豆放在冷水中浸泡一整晚。

当天完成

将四季豆中的水沥干并放入不加盐的水中烹煮（烹饪时间1.5～2小时，或者用高压锅烹饪40～50分钟）

如有必要的话，将番茄去皮并捣碎（可先将番茄置入沸水中烫煮几秒钟后再放进冷水中冷却之后去皮）。芹菜洗净后去叶，洋葱和胡萝卜去皮，随后将芹菜、洋葱和胡萝卜切成薄片。

将牛肚切成小块。

平底锅中放入黄油和鼠尾草，然后将切好的蔬菜片放入锅中煸炒。加入牛肚块。10分钟后撒上番茄碎、盐和黑胡椒粉。

小火烹饪2小时。为防止菜煮干，应不时向锅中添一些牛肉汤。

离烹饪结束还有10分钟时放入煮过的四季豆。烹饪完成时，汤汁应完全被吸收。可用帕尔马奶酪碎加以点缀。

● 建议配菜/配酒

巴尔杰丽酒庄，格鲁梅洛特级陈酿葡萄酒（瓦尔泰利纳法定产区）

● 主厨建议

为使酱汁变得更为黏稠，您可以在牛肉汤冷却后放入1只小牛蹄或2勺面粉。本菜建议搭配面包或玉米粥（详见第106页）。

● 烹饪须知

四季豆并非本菜的必需食材。

技巧复习

玉米粥的各种食用方式 >> 第106页

焖小牛腿肉 ★ ★
Ossobuco

　　焖小牛腿肉，即给小牛腿肉穿孔后进行烹饪，是一道自15世纪以来的米兰传统菜式。通常会用一种小铁钎将牛骨中的骨髓剔除，意大利语将这种工具称作"艾萨多雷"（esattore）[注1]。

4人份

准备时间：30分钟
烹饪时间：1.5小时

将洋葱剥皮并切碎。柠檬剥皮备用。

准备好格勒莫拉塔[注2]，香芹去梗，蒜瓣剥皮并去芽，所有食材捣碎并加入柠檬片和鳀鱼。

在牛腿肉四周划上几刀，撒上面粉后放入小炖锅中，用黄油煎至两面上色。倒入白葡萄酒煮至酒精蒸发，随后放入盐、胡椒粉和洋葱碎。几分钟后，浇上高汤，并放入去皮的番茄。小火慢炖1.5小时。烹饪后的酱汁应不稠不稀，牛肉可以轻松脱骨。

最后撒上格勒莫拉塔。

●建议配菜/配酒

弗莱西亚罗萨酒庄，乔治奥德罗帕维尔波河流域黑皮诺酒（法定产区餐酒）

●主厨建议

焖小牛腿肉的最经典搭配是意式米兰烩饭（做法详见第214页）。您也同样可以选择将玉米粥，土豆泥，或是豌豆，胡萝卜和用黄油煎过的四季豆作为本菜的配菜。

●烹饪须知

如果您使用的是高压锅，那么烹饪时间只需要45分钟。

▌技巧复习
玉米粥的做法 >> 第101～106页
去皮番茄 >> 第42页

配料

1个洋葱
1个柠檬的皮
几根香芹
1小片蒜瓣
1份油浸鳀鱼
4块带骨小牛腿肉（选用小牛后腿肉，切成3～4厘米厚的小牛腿肉片，每片约300克重）
适量面粉
80克黄油
250毫升白葡萄酒
150克去皮番茄
500毫升牛肉高汤（做法详见第93页）
盐，胡椒粉

用具

一些小铁钎

注1："esattore"在意大利语中为"提取"之意。
注2：格勒莫拉塔（gremolada）在意大利菜中指的是将切碎的柠檬皮、大蒜及巴西利混合在一起制成的调味品。

配料

2个香蕉苹果或博斯科普苹果（250克左右）
1只约1.2千克带有肝脏的珍珠鸡
50克黄油
3个刺柏浆果
棍状或粉状桂皮
250毫升芳香白葡萄酒
1个柠檬
足量牛肉汤（详见第93页）
120克新鲜葡萄
4个无花果
盐，黑胡椒粉

葡萄酒珍珠鸡 ★★
Faraona alla vignaiola

4人份

准备时间：20分钟
烹饪时间：1小时15分钟（每1千克珍珠鸡需要1小时烹饪时间）

将苹果削皮去核。将珍珠鸡的肝脏切成薄片。

在鸡肉内部撒上盐和黑胡椒粉，为保证烹饪过程中鸡肉内部环境湿润，将去核的苹果塞进鸡肉内部。

炖锅内放入大半黄油和刺柏浆果，放入鸡肉并煎至金黄色。随后放入切好的鸡肝片，并撒上适量盐和黑胡椒粉。放入1小段桂皮或1小撮桂皮粉后倒入葡萄酒。煮开后倒入柠檬汁。烹饪过程中需不时向锅中加入牛肉汤（每1千克珍珠鸡需要的烹饪时间为1小时）。

与此同时，将葡萄剥开去籽。将剩下的苹果削皮后切成小块。

平底锅中放入剩下黄油，葡萄和苹果块。

珍珠鸡收汁后即可完成烹饪，食用时建议搭配无花果。

●建议配菜/配酒

拉伊诺尔迪酒庄，瓦尔泰利纳的斯科塞图优质葡萄酒（法定产区）

●主厨建议

黏土珍珠鸡做法：这是一道伦巴第地区历史悠久的菜肴，即用黏土烹饪珍珠鸡。在珍珠鸡内部放入碎猪肉，迷迭香，百里香，刺柏浆果，桂皮，丁香，肉豆蔻和月桂，然后撒上盐和胡椒粉。先用咸猪肉片、2张弄湿的厨房用纸和黏土块（将黏土和水混合）将珍珠鸡包住。然后放入烤箱中高火（250℃，调节器8/9挡）烹饪3小时。烹饪完成后，用锤子将黏土块敲碎后即可食用。

●烹饪须知

如果您没有新鲜无花果，可用无花果干进行代替。但需在放入苹果和葡萄这一步骤时将无花果干一起放入，使其软化。

帕尔马奶酪芦笋 ★
Asparagi al parmigiano

4人份

准备时间：10分钟
烹饪时间：15分钟

将芦笋洗净并以束状形式垂直放入锅中。平底锅中放入盐水，水量应没过芦笋长度的一半。烹煮10～15分钟。

等待烹煮完成过程中，向平底锅中放入黄油，将鸡蛋煎好备用。

芦笋煮熟后取出，将其放置在吸水纸或干净的抹布上等待片刻，水全部沥干后将芦笋装盘。

用帕尔马奶酪碎加以装饰。将煎蛋摆在奶酪上（煎蛋的热量可融化奶酪）后即可食用。

●建议配菜/配酒

卡瓦勒酒庄，朗巴内托葡萄酒（弗朗齐亚柯达法定产区）

●主厨建议

当芦笋煮熟后，您也可以将其放入烤箱烘烤，铺上几层芦笋后，撒上黄油和帕尔马奶酪碎。

配料

1.5千克绿芦笋
60克黄油
4个鸡蛋
帕尔马奶酪碎
盐

配料

200克葡萄干
80毫升牛奶
250克黄油
1个橙子
1个柠檬
70克糖渍橙子和枸橼
25克新鲜发酵粉
700克T45面粉
2个完整的鸡蛋
5个蛋黄
250克白砂糖
10克盐
1根香草荚或香草精
2汤匙朗姆酒

用具

1个直径为25厘米的意大利面包模具

●建议配菜/配酒

赛拉图酒庄,阿斯蒂的莫斯卡托优质葡萄酒(法定产区),此为潘娜托尼面包的传统配酒!

●主厨建议

如果您没有葡萄干和糖渍水果,您可以选择用水果干或水果碎(杏仁、榛子、开心果等)、巧克力粒(黑巧克力,白巧克力或牛奶巧克力)或其他水果(甜瓜、覆盆子、猕猴桃等)来进行代替。

●衍生菜品

意大利复活节面包和意大利面包的做法十分相像。但做出的蛋糕形状不同,意大利复活节面包选用的配料为蛋白、冰糖、杏仁粉和榛子。最后会用榛子碎在面包皮上加以点缀。

●烹饪须知

烤箱开灯状态下,温度可达到发酵面团所需的30℃。
如果面团变得过干,可用保鲜膜代替布盖在面团上。

意大利面包 ★ ★ ★
Panettone

这道菜到底是伟大爱情抑或是严重错误的产物我们不得而知。但可以肯定的是,它起源于15世纪的米兰,一个名叫托尼的人将其命名为意大利面包。

10人份

准备时间: 1小时
浸泡时间: 15分钟
面团发酵时间: 8小时50分钟
烹饪时间: 1小时

将葡萄干放入水中浸泡15分钟。牛奶放置室温下备用。将黄油搅成糊状。橙子和柠檬切片。糖渍水果切成小块状。

将酵母粉放入80毫升牛奶中进行稀释,并加入100克面粉搅拌均匀。面团做好后用刀在上面划上十字备用。准备一个碗,碗底抹上一层面粉后将面团放入,并用布将碗盖好。随后将碗放置于温度30℃的通风处发酵1小时30分钟。

当面团大小增加一倍时,在案板上倒上300克面粉,向面团中间挖一个小洞,并加入100克黄油糊,鸡蛋,100毫升水开始和面。面团和好后继续用布盖好,置于温度约30℃的通风处发酵3小时(3小时后面团体积应增加一倍)。

用剩余的300克面粉继续重复上述步骤,注意此次加入黄油面糊量为125克。面团揉好后将葡萄从水中捞出沥干。蛋黄中加入适量糖后打好,随后放入面团,盐和100毫升水。继续揉面约10分钟。之后放入香草,朗姆酒,橙子和柠檬片,葡萄和糖渍水果块。

面包模具中洒上一些水,并放入黄油和面粉,然后将面团放入模具中(面团大小不应超过模具容积的2/3)。用布将模具盖好,并将其放置于温度约30℃的通风处发酵4小时,直至面团体积略微超过模具大小。将布掀开,让面团在阴凉处继续发酵20分钟。在面团表面用刀用力划上十字,并在中间放上1小块黄油。

烤箱温度设置200℃(调节器6/7挡)预热。

面团发酵好后,将模具放入烤箱中烘烤,10分钟后将烤箱温度调成180℃(调节器6挡)继续烘烤,50分钟后将面包从烤箱中取出。
将面包从模具中取出,冷却后即可食用。

威尼托大区、特伦蒂诺·上阿迪杰大区、弗留利·威尼斯·朱利亚大区

马希米利亚诺·阿拉伊莫
Massimiliano Alajmo
推荐食谱

　　我选用的食材都来源于这片土地，海洋和历史。我喜欢用来自这些地方的食材烹饪：鳕鱼，特雷维兹沙拉，农场饲养的家禽，鳗鱼，稻谷，湖里的鱼抑或是拉蒙地区盛产的四季豆，白色表皮内上有着红色的纹理。美食的真谛都蕴藏在食材背后。那些想加入到我的美食之旅的人一定会对其中蕴含的无穷奥妙感到惊奇。而烹饪技巧之于我，只是一种方法，它本身绝不是一种目的。

　　加朗餐厅的信条基于以下三点：食物口感应清淡，顺滑且回味无穷；我们在食物的口感上下了很大功夫，在人的5觉中，嗅觉最为敏感，嗅觉可以将对美食的感知即刻传递给味觉；我们也在探索寻找人的第六种感觉，这种感觉也许可以更好领略到食物的奥妙。

蛋黄酱芦笋
Fraîcheur d'asperges aux œufs mimosa

烹饪两种笋肉

在2个容器中分别放入白芦笋和绿芦笋，用锉刀将两种芦笋的外皮刮掉，留下芦笋肉。白芦笋汁过滤后留下备用。芦笋肉中放入油，盐，胡椒，醋和芥末。

制作白芦笋汁及其搭配面包

在容器中倒入白芦笋汁、油和醋，撒上盐后混合均匀。面包切成小块后放入容器中蘸汁。随后将面包拿出备用。

烹饪龙蒿蛋黄酱

水煮开后放入醋和龙蒿，浸泡约15分钟。蛋黄中滴入酱油搅拌均匀后倒入盛有龙蒿的容器中，撒上1小撮盐。缓慢滴入葡萄籽油，逐渐将蛋黄酱打发。撒上盐和胡椒。将蛋黄酱注入置有气阀的虹吸瓶中。将其置于通风处备用。

烹饪蛋黄酱煮鸡蛋

水煮开后放入鸡蛋，煮7分钟，剥壳后用叉子将鸡蛋压碎。随后倒入橄榄油、盐、胡椒、龙蒿、芥末和蛋黄酱。将其搅拌成质地黏稠的奶油状。

摆盘

按照圆形方向依次浇上1勺白芦笋肉、半勺绿芦笋肉、1勺蛋黄酱煮鸡蛋、1勺蘸着芦笋汁的面包。在盘子中间放上1小份蔬菜沙拉，倒上橄榄油和龙蒿醋，挤上蛋黄酱后撒1小撮龙蒿和甘草。浇上橄榄油，最后撒上盐和胡椒。

4人份

准备时间：30分钟
烹饪时间：10分钟

配料

白芦笋和绿芦笋的肉
300克白芦笋
250克绿芦笋
6克特级橄榄油
3克盐
2滴红葡萄酒醋
少量第戎芥末
磨碎的胡椒

芦笋汁及其搭配面包

80克白芦笋汁
80克自然酵母面包
4克特级橄榄油
2滴红葡萄酒醋
1小撮盐

龙蒿蛋黄酱

100克葡萄籽油
22克蛋黄
10克水
5克红葡萄酒醋
1枝龙蒿
盐，胡椒
1小撮糖
2滴酱油

浇上蛋黄酱的煮鸡蛋

1个鸡蛋
3克特级橄榄油
3克盐
磨碎的黑胡椒
1小撮龙蒿碎
少量第戎芥末
1小勺虹吸瓶装蛋黄酱

装饰

新鲜的龙蒿碎
甘草粉
特级橄榄油
黑胡椒

醋渍沙丁鱼 ★
Sarde in Saor

醋渍沙丁鱼是韦尼蒂地区最为古老且经典的菜肴之一。这道菜不仅口感受人欢迎，做法也简单快捷。

8人份

准备时间：40分钟
浸泡时间：15分钟
腌制时间：2天

将葡萄干浸泡水中15分钟。洋葱剥皮后切成薄片。

将沙丁鱼洗净后将其切成鱼柳，保持鱼柳的完整。沙丁鱼裹上面粉后放入油锅中炸，待炸至金黄色后用纸巾将鱼表面的油分吸干，撒盐。

将沙丁鱼重新下回平底锅，放入洋葱片后以中火烹饪，撒上适量盐，胡椒粉和糖。烹饪完成时倒入红葡萄酒醋使其冷却。

在盘子或板子上先铺上一层沙丁鱼，然后在沙丁鱼上铺上洋葱片、松子、月桂叶、胡椒粒、刺柏浆果和葡萄干。重复上述步骤直至用尽所有食材。

将沙丁鱼放置阴凉处1～2天。室温下可作为前菜食用。

●建议配菜/配酒
马库兰酒庄，比蒂比葡萄酒（布雷甘泽法定产区）

威尼托大区、特伦蒂诺-上阿迪杰大区、弗留利-威尼斯·朱利亚大区

配料
2汤匙葡萄干
4个洋葱
500克沙丁鱼（建议选择小沙丁鱼）
足量面粉
足量橄榄油
1汤匙糖
1杯红葡萄酒醋
2汤匙松子
几片月桂叶
几粒黑胡椒
几颗刺柏浆果
盐，胡椒粉

配料

1 瓣蒜
1 小段香芹
40 克帕尔马奶酪
40 克面包屑
8 只新鲜的扇贝（让鱼贩帮忙将贝壳打开并处理干净，空贝壳留下备用）
足量面粉
40 克黄油
60 毫升白葡萄酒
盐，胡椒粉

焗烤圣-雅克扇贝 ★
Capesante gratinate

这一名称起源于中世纪，当时人们用空的贝壳盛圣水，孩子们受洗礼时将贝壳里的圣水洒在孩子们身上。

4 人份

准备时间：20 分钟
烹饪时间：15 分钟

将大蒜剥皮，去芽并剁碎。香芹洗净后去梗剁碎。将帕尔马奶酪磨碎后倒入面包屑中混合。扇贝冲洗干净后放在纸上等待水分被吸净。清洗贝壳。

平底锅中放入 10 克黄油，将扇贝裹上淀粉后下锅，等待几分钟煎至金黄色后盛出备用。

平底锅中放入 30 克黄油，黄油融化后放入剁碎的大蒜和香芹快速翻炒。随后浇上白葡萄酒并关火。

扇贝放入贝壳中装好，撒上之前做好的酱汁、盐和胡椒粉调味，并以混合好的面包屑和帕尔马奶酪碎加以装饰。将扇贝置入烤箱（烧烤模式）中烘烤直至表面完全上色（8～10 分钟）。

●建议配菜/配酒

巴斯蒂安尼奇酒庄，弗留利葡萄酒（弗留利东山法定产区）

●主厨建议

您可以用碎洋葱、蛋黄奶油调味酱和虾屑来制作酱汁。在威尼斯关于本道菜的做法则是，平底锅中倒入橄榄油，将扇贝、大蒜和香芹一起放入锅中翻炒，随后倒上几滴柠檬汁，装入贝壳后即可食用。

●烹饪须知

本菜即可作为前菜也可作为主菜。

墨鱼意面 ★
Linguine al nero di seppia

墨鱼意面是威尼斯地区的一道传统菜肴。这道菜有三种不同的做法。

4人份

准备时间：20分钟
煮面时间：参考生产说明（手工制作）或外包装说明（工业制作）

蒜瓣剥皮去芽后剁碎。香芹洗净去梗后切碎。洋葱剥皮后切成薄片。

墨鱼洗净后保留墨囊（详见第125页）。将墨鱼切成小块，完整保留墨鱼须。

平底锅中倒入2汤匙橄榄油，将洋葱放入翻炒。当洋葱炒至半透明状时，倒入蒜末和墨鱼，撒上盐和黑胡椒。待水分完全蒸发后，浇入白葡萄酒。

将墨囊下入锅中，用锅铲将其挤开并使其融化。

与此同时煮面，煮熟后将水分捞出沥干，随后将其下入锅中与墨鱼汁一起翻炒。撒上一些香芹碎后继续烹饪1～2分钟。盛盘后应尽快食用。

● 建议配菜/配酒
贝塔尼酒庄，希蕾欧利葡萄酒（索艾维法定产区）

● 主厨建议
如果酱汁变干，可以浇1小勺煮面汤。

▽ 技巧复习
清洗墨鱼并取出墨汁 >> 第125页

配料

1瓣蒜
1小段香芹
1个洋葱
500克新鲜墨鱼
2汤匙橄榄油
120毫升白葡萄酒
500克扁面条或细面条
盐，胡椒

配料

鱼香调味汁（虾汤配料详见第96页）
1个洋葱
1瓣蒜
1小段香芹
600克墨鱼
橄榄油
280克米饭
100毫升白葡萄酒

▌技巧复习

▌苏打白葡萄酒烩饭 >> 第93页
▌清洗墨鱼并取出墨汁 >> 第125页

墨鱼烩饭 ★ ★
Risotto al nero di seppia

4人份

准备时间：1小时
烹饪时间：20分钟
准备和烹饪鱼的时间：30分钟

制作鱼汤（详见第97页）。可用鱼骨（鱼刺和鱼头）代替虾壳和虾头。

洋葱剥皮后将其切成薄片。蒜瓣剥皮去芽。香芹洗净后切碎。

将墨鱼处理净，保留其墨囊（详见第125页）。将墨鱼切成小方块。

平底锅中倒入少许橄榄油，中火翻炒洋葱。加入蒜瓣，香芹碎和墨鱼块。翻炒均匀。

倒入米饭，中火翻炒几分钟直至炒至金黄色。倒入白葡萄酒和墨囊。每当米饭开始变干时，浇入少量鱼汤（详见第90页）。

关火后请立即食用，可撒上一些新鲜的香芹碎。

●建议配菜/配酒

贝塔尼酒庄，希蕾欧利葡萄酒（索艾维法定产区）

配料

600克小墨鱼
1个洋葱
1瓣蒜
香芹
100毫升葡萄酒
2汤匙番茄汁

墨鱼 ★
Seppie al nero

4人份

准备时间：20分钟
烹饪时间：20分钟

本菜烹饪方法与前两道菜做法相同，只不过不需加入米饭和面条，也不需将墨鱼切成小块，浇上番茄汁即可。

●建议配菜/配酒

贝塔尼酒庄，希蕾欧利葡萄酒（索艾维法定产区）

配料

意大利面

300克T55面粉
300克小麦粗面粉
3个中等大小鸡蛋
160毫升水
1小撮盐

酱汁

2个洋葱
2根胡萝卜
2棵芹菜
帕尔马奶酪碎
1只鸭子
60克黄油
橄榄油
1段迷迭香
2片鼠尾草
3颗刺柏浆果
250毫升白葡萄酒
3个丁香
盐，胡椒

用具

1台绞肉机

●烹饪须知

最初调味汁由鸭的内脏（肝、胃、心等）制作而成，并用鸭肉汤煮熟意大利面。如今，饮食习惯发生了改变；此外，购买带有内脏的整鸭也比较困难，于是人们将烹饪方法简化，只用鸭肉制作酱汁。

鸭肉意大利面 ★ ★
Bigoli in salsa d'anatra

这道鸭肉意大利面最早诞生于特耶内和基利亚（维琴察）地区的中间地带，如今已经在整个韦尼蒂地区广为流行。

8人份

准备时间：30分钟
发酵时间：1小时
烹饪时间：1小时35分钟

准备意大利面

将两种面粉混合并在中间挖出一个洞。放入鸡蛋、水和盐后搅拌均匀。将面团和匀后用保鲜膜包住，并放置室温下发酵1小时。

制作酱汁

等待面团发酵过程中。将蔬菜洗净剥皮后切成两段。将帕尔马奶酪磨碎。鸭肉剔骨后切成小块（或者将其放入绞肉机中绞碎）。将鸭架、鸭肝（及其他内脏）放入炖锅中，倒入水，并放入1个洋葱、3个丁香、1根胡萝卜、1棵芹菜和盐。小火烹饪1.5小时，原汤制作完成。

将案板拿开，放置直径4毫米的烤架。

面团发酵好后将面团分成3等份，并将其放入搅面机。为避免面条缠绕在一起面团绞好后将面条分离。面条裹上面粉后用干布将其包裹住。

平底锅中倒入黄油和橄榄油，中火翻炒鸭肉直至其变成金黄色；放入蔬菜碎、迷迭香、鼠尾草和刺柏浆果。当蔬菜炒至半透明状时，放入鸭肝并浇上白葡萄酒。当葡萄酒煮至冒泡时，浇上少许肉汤，烹饪1～1.5小时。

将原汤捞出，下入意大利面（煮5分钟）。随后将面捞出，浇上酱汁，并撒上帕尔马奶酪碎。

●建议配菜/配酒

马库兰酒庄，布雷甘泽黑皮诺葡萄酒（法定产区）

●主厨建议

您可以在调味汁中加入一些石榴汁。
其他做法：萨尔萨意面。这是另一道受人欢迎的菜肴。在平底锅中倒入橄榄油，放入洋葱和油浸鳀鱼一起翻炒而制成调味汁。在意面上浇上这种做法制成的酱汁，再撒一些香芹碎。

薄切生牛肉片 ★
Carpaccio di Cipriani

这道菜是一个名叫乔治白·希普利亚尼（Giuseppe Cipriani）的人于1950年在他位于威尼斯的餐馆——哈利酒吧发明的。当时由于他的一个食客不能吃熟牛肉，他便另辟蹊径，选用上等的生牛肉切成非常薄的薄片，浇上他的独家酱汁，并在牛肉上撒上芝麻菜。乔治白以当时正在举办画展的一个非常有名的威尼斯画家的名字命名了这道菜，这就是这道超薄生牛肉片的由来。

4人份
准备时间：30分钟

准备酱汁
制作蛋黄酱：在蛋黄中撒入1小撮盐，胡椒粉，醋和芥末后打好。在打鸡蛋过程中不停缓慢滴入少量橄榄油直至蛋黄变成浓稠的乳液状。

加入柠檬汁，将伍斯特郡酱汁和牛奶并搅拌均匀。

在餐盘底部放入几片芝麻菜，将薄牛肉片装盘，并撒上两汤匙鼠尾草加以点缀。室温下食用。

● 建议配菜/配酒
布兰多利尼伯爵酒庄，维斯托尔塔葡萄酒（弗留利法定产区）

● 主厨建议
您也可以用柠檬酱（橄榄油、盐、胡椒粉、柠檬汁）作为本菜的调味酱汁，并在牛肉片上撒上一些帕尔马奶酪碎或薄蘑菇片。

● 烹饪须知
如果您有切片机的话，您只需将牛肉提前解冻，切片机会很容易将牛肉切成非常薄的薄片。

技巧复习
生章鱼片 >> 第131页

生章鱼片 >> 第131页

配料
400克薄的生牛肉片（选用牛里脊肉，大腿内侧肉，臀部肉等）根据个人口味牛肉应或多或少带些油脂
40克芝麻菜

酱汁
处于室温下的1个蛋黄
1汤匙白葡萄酒醋
2汤匙芥末
200毫升橄榄油
1汤匙柠檬汁
1咖啡匙伍斯特郡酱汁
2汤匙牛奶
盐，胡椒粉

配料

1.2千克白洋葱（最好是基奥贾洋葱）
4片小牛肝（500克）
2汤匙橄榄油
30克黄油
几片鼠尾草
120毫升葡萄酒或原汤（菜汤或肉汤，详见第93～94页）
盐，胡椒粉

威尼斯炒牛肝 ★ ★
Fegato alla veneziana

这道菜最早由罗马人发明，主要原料是无花果，后来威尼斯人用洋葱代替了无花果并将其发展成威尼斯最具特色的一道菜——威尼斯炒牛肝。

4人份

准备时间：30分钟
烹饪时间：20分钟

制作原汤（做法详见第93～94页）

将洋葱剥皮并切片。将牛肝切成小薄片。

在平底锅中倒入橄榄油，黄油和150毫升水，随后用小火煮洋葱。20分钟后洋葱应煮熟，锅中的水也应被完全吸收。将火调大，放入鼠尾草和牛肝片一起翻炒。之后倒入白葡萄酒或原汤，撒上盐和胡椒粉并搅拌均匀。继续烹饪5分钟。

烹饪好的小牛肝既不应带血也不应过老。建议搭配玉米粥或土豆泥一起食用。

● 建议配菜/配酒

斯佩里酒庄，瓦波利切拉圣乌巴诺经典特级葡萄酒（威尼托法定产区）

● 主厨建议

对于食材中剩下的牛肝，您可以选择将其制作成牛肝酱涂抹在面包上。您可以用机器将牛肝剁碎，并将其和等量黄油糊混合在一起。做好后盛在罐中放入冰箱冷却。

● 烹饪须知

威尼斯炒牛肝的做法可略有变换：可用香芹替代鼠尾草，用醋或柠檬汁代替葡萄酒，用猪肝代替牛肝等。

🥄 技巧复习
玉米粥的做法 >> 第101～106页

烤猪腿 ★ ★ ★
Stinco al forno

这是在特伦蒂诺-上阿迪杰大区和弗留利地区极受当地人喜爱的一道菜，有益于身体健康。可搭配玉米粥和烤土豆一起食用。

4人份

准备时间：30分钟
烹饪时间：2～3小时

制作原汤（做法详见第93～94页）。烤箱预热，温度设置成180℃（调节器6挡）。

为防止猪髓流失，保证肉质鲜嫩多汁，请勿使用叉子处理及拖动猪腿。

烤盘中放入橄榄油、黄油和猪腿，随后将烤盘放在火上烘烤直至猪肉烤至金黄色。

加入迷迭香、百里香和蒜瓣，浇上白葡萄酒。撒盐和胡椒粉。将托盘放入烤箱中烹饪约2小时。

烹饪过程中应不时向猪腿上浇原汤，托盘底部应始终保持湿润，但原汤不应没过猪腿。

烹饪完成后继续将托盘放在火上烘烤，在此过程中应不时给猪腿刷上酱汁直至猪腿完全上色。

● 建议配菜/配酒
歌塔希酒庄，勒格瑞葡萄酒（特伦蒂诺-上阿迪杰法定产区）

● 主厨建议
本菜可与玉米粥或烤土豆一起搭配食用（将土豆切成小块，并在猪肉烤到一半时将土豆放入烤箱）。
也可用啤酒代替白葡萄酒。

● 烹饪须知
在某些地方菜的做法中，人们用牛肉代替猪肉，这样的话烹饪时间会略微变长。

技巧复习
玉米粥的做法 >> 第101～106页

配料

根据重量选择2～4只猪腿（1.5～2千克）
2汤匙橄榄油
3克黄油
几根迷迭香
几根百里香
几瓣未剥皮的蒜
250毫升白葡萄酒
几片鼠尾草
1升原汤（菜汤，肉汤，做法详见第93～94页）
盐，胡椒粉

配料

1千克鳕鱼干
500克洋葱
50克帕尔马奶酪
2汤匙香芹碎
500毫升橄榄油
3条盐渍鳀鱼
500毫升牛奶
足量面粉
盐，胡椒

用具

一口黏土锅或铝锅

技巧复习

盐渍鳀鱼 >> 第26页
玉米粥的做法 >> 第101～106页

维森蒂纳腌鳕鱼 ★ ★
Stoccafisso alla vicentina

鳕鱼作为鲜鱼的替代品于15世纪被引进维森蒂纳地区。1890年，维琴察地区一家名为波伦塔巴卡拉（Polenta e Baccalà）的餐馆的女老板发明了这道菜，随后这道菜便迅速流行了起来。为保护当地美食，一家美食协会不久后成立。

8人份

浸泡时间：3～4天
准备时间：30分钟
烹饪时间：4小时30分钟

提前准备

将鳕鱼干浸泡在冷水中3～4天（视鳕鱼厚度调整时间），每4小时换一次水。

当天制作 （最好是提前一天制作）

将鳕鱼拿出，去掉鱼皮和鱼刺后切成小块。洋葱剥皮后切成薄片。帕尔马奶酪磨成碎状。香芹洗净后去梗，并剁碎成约2汤匙的量。

在平底锅中倒入大半橄榄油，放入洋葱翻炒直至变成金黄色。将鳀鱼下入锅中使其融化。关火，放入香芹。

盛出少部分做好的底料，鳕鱼块裹上面粉后平铺在锅内剩余底料上，然后将刚才盛出的底料淋在鳕鱼块上。

倒入牛奶、帕尔马奶酪碎、盐、胡椒和剩下的橄榄油，没过鳕鱼块。

小火烹饪4小时30分钟，烹饪过程中应不时晃动平底锅，但注意不要翻炒锅内食材。

本菜可与奶油玉米粥一起搭配食用（详见第101～106页）。

● 建议配菜/配酒

贝塔尼酒庄，拉薇葡萄酒（地区餐酒）

● 主厨建议

购买鳕鱼时请向店家询问您所挑选的鳕鱼是否具有弹性，因为需要用木槌敲打鳕鱼表面使其内部纤维变软。如果您无法购买到这种鳕鱼，也可以购买盐腌鳕鱼，并将其浸泡在冷水中48小时，期间需经常换水。

● 烹饪须知

烹饪完成后第二天食用口感更佳。此外如果您使用的是高压锅，烹饪时间可缩短至1小时30分钟，用小火烹饪即可。

特雷维兹烤沙拉 ★
Radicchio alla trevisana

由于特雷维兹市附近种植农户多种生菜，故好几种生菜都以特雷维兹命名。特雷维兹有两种菊苣，体型较短的较早成熟，体型较长的较晚成熟，但它们都要等到每年11月后才能收获。

6人份

准备时间：10分钟
烹饪时间：10～15分钟

烤箱预热，温度调至180℃（调节器6挡）。

将菊苣处理并洗净，沥干水后将菊苣切成两半并置于烤箱托盘上。托盘上倒橄榄油并撒盐，放入烤箱烘烤10～15分钟。

●建议配菜/配酒

布兰多利尼伯爵酒庄，灰皮诺葡萄酒（弗留利法定产区）

●主厨建议

您也可以将菊苣放在烤架上炙烤（详见第16页），或者将其裹上一层薄薄的面粉后放入油锅中炸。
咸猪肉片可搭配与本菜一起食用。将咸猪肉片切成小块，放在锅中翻炒几分钟即可盛出食用。

技巧复习

烤蔬菜 >> 第16页

配料

1千克特雷维兹菊苣
橄榄油
盐

配料

4个鸡蛋
4杯浓咖啡
10+2汤匙糖
2汤匙朗姆酒或白兰地酒（非必须）
400克马斯卡彭奶酪
250克手指饼干
可可粉

用具

1个20厘米×30厘米的盘子

提拉米苏 ★
Tiramisù

20世纪70年代，提拉米苏诞生于位于特雷维兹一家名叫贝克里（Le Beccherie）的餐厅。一个名叫罗伯托·林格诺托（Roberto Linguanottto）的甜点师将马斯卡彭奶酪、手指饼干和咖啡巧妙融合在一起，并加入了蛋黄和白糖，令这道甜点不仅老少咸宜，连处于恢复期的病人也可以尽情享用。

12人份

准备时间：20分钟
发酵时间：1天
冷藏时间：12小时

提前一天准备

分离鸡蛋中的蛋清和蛋黄。将蛋清打成浓密的泡沫状。

准备4杯浓咖啡。

蛋黄打散，在搅拌过程中加入10汤匙糖。倒入酒并继续搅拌。加入适量马斯卡彭奶酪并搅拌均匀。

倒入已打成泡沫状的蛋白，按照从下至上的搅拌方向混合均匀。

锅中倒入100毫升水，煮沸后加入2勺糖制成糖浆。

将糖浆从火上取下并倒入4杯浓咖啡中，混合后待其冷却。

将手指饼干放入糖浆咖啡中快速蘸取，将蘸满咖啡的饼干铺在托盘或蛋糕模具上。

在饼干上覆盖一层马斯卡彭奶酪，用保鲜膜包好后放入冰箱冷藏至少12小时。您可视容器大小适当重复上述步骤。

当天制作

食用前在提拉米苏表面撒满可可粉。

其他做法：柠檬提拉米苏

用柠檬汁代替咖啡，并用柠檬酒或有机干柠檬皮代替朗姆酒（白兰地酒）混入蛋黄中。

●建议配菜/配酒

1杯咖啡搭配经典风味提拉米苏
1杯柠檬酒搭配柠檬口味提拉米苏

●主厨建议

提拉米苏可以有许多种做法：您可以加一些新鲜水果（菠萝、覆盆子、草莓、等），或者选用一些其他品种的酒打入奶油中；也可用意大利面包、意式曲奇、蛋饼（pavesini）、比利时饼干（spéculo）或其他来代替手指饼干。

●烹饪须知

建议用手指饼干制作提拉米苏。为避免饼干软化，请勿在饼干上铺过多奶油。您也可以根据个人喜好适当重复上述步骤。

利古里亚大区

弗拉维奥·科斯塔
Flavio Costa

推荐食谱

　　能生活在这样一片盛产农作物、鱼类和肉类的土地富饶的地区，我们深感荣幸。我们选用的蔬菜大多来自阿尔本加平原，那里种植着紫色朝鲜蓟、牛心番茄、紫色的芦笋，以及各种各样的绿色蔬菜和香料、被列为慢食运动保护产品的皮尼亚四季豆和普拉地区的罗勒叶。而海产品大多使用冷冻技术保鲜，如这里盛产的蓝鱼（金枪鱼，箭鱼）、白鱼（狼鲈鱼、鲷鱼、大西洋鲷鱼）、虾（圣雷莫或圣玛格丽特龙虾）、软体动物等。我们还会用到一些其他肉类食材，如兔子、羔羊、小山羊和其他野味。

　　我有着与生俱来的烹饪技巧。

　　我每天早上喜欢独自一人去采购食材，因为这是看到原材料最简单直接的方式。每天晚上我喜欢和渔民一起出海捕鱼，我总会在那时获得许多灵感。然而一道菜中，我运用到的食材种类很少超过三种。为保证食物充分发挥自身香味，我很少使用奶油、黄油和各种调味料。得益于我的母亲，我对美食的喜爱自童年时期便已经形成，而我的母亲是一个极其会做菜的人，如今她在我的餐厅帮助我、和我一起工作。如果我现在不当厨师的话，那我很可能只是一个普通的农民或者葡萄种植者。

丝瓜奶油汤，墨鱼和糖渍柠檬片
Crème de courgettes « trombette », seiches au noir et zeste de citrons confits

西葫芦洗净后切成小块。将其和小洋葱头放入煮开的盐水中浸泡，直至整道菜烹饪完成。

墨鱼洗净后切成小块，其墨囊留作备用。在平底锅中倒入一汤匙橄榄油，将韭菜剥好后下入锅中翻炒。倒入墨鱼，翻炒几分钟直至变成金黄色，随后下入提前蘸好鱼香调味汁的墨囊。撒上盐后烹饪15～20分钟。

制作糖渍柠檬片。在小平底锅中将水煮开，将切成丝的柠檬片放入锅中浸泡。煮3分钟（柠檬应保留些许苦味）后将柠檬从水中捞出沥干。制作糖浆，水煮开后倒入糖，将沥干的柠檬片放入锅中煮至半透明状（约5分钟）。

制作奶油汤。用食品搅拌器将煮好的西葫芦，锅里的少量水和剩下的橄榄油搅拌均匀。

用空盘子盛上西葫芦奶油汤。再放入1汤匙墨鱼、糖渍柠檬、1根小茴香和迷迭香。

配料

1千克西葫芦
2个小洋葱头
400克墨鱼
1根韭菜
500毫升特级橄榄油
1个未处理过的柠檬
200毫升水
100克糖
1汤勺鱼香调味汁
1段新鲜小茴香
几朵迷迭香
盐

食谱

257

利古里亚大区

鹰嘴豆饼 ★ ★
Farinata

　　鹰嘴豆饼最可早追溯到古希腊和古罗马时期，这是一道在穷人家非常常见的菜肴。由于当时小麦面粉很贵，所以用鹰嘴豆粉代替小麦面粉作为本菜的主要食材。

8人份
准备时间：5分钟
发酵时间：最少4小时
烹饪时间：30分钟

在准备发酵5小时前，在容器中倒入面粉和1.5升水，用搅拌器搅拌均匀直至凝块完全消失。发酵至少4小时。撇去表面泡沫后撒盐。

烤箱预热，温度调至200℃（调节器6/7挡）。

如果您没有铜制烤盘，请用足量铝箔纸铺在烤箱托盘底部，在铝箔纸上撒上一些油，随后将托盘放入烤箱中烘烤5分钟。

向发酵好的面糊中倒入橄榄油并用搅拌器搅拌均匀。将面糊均匀倒在热托盘上，厚度约1厘米。将托盘放入烤箱中继续烘烤30分钟，直至面饼完全上色。
烹饪完成后请立即食用，并为食客准备好胡椒粉。

●建议配菜/配酒
最经典的配酒是一种广受欢迎的汽水（以糖、水和焦糖为原料）或者波尔纳西奥的杜林奥梅斯科葡萄酒（利古里亚法定产区）。

●主厨建议
放入烤箱前您可以在鹰嘴豆饼上撒上一些新鲜洋葱薄片（如奥内利亚洋葱）、迷迭香（萨沃内地区）或者切成薄片的紫色朝鲜蓟。
即使用烤箱制作的鹰嘴豆饼口感美味，但依旧建议最好用平底锅烹饪本菜。最重要的一点是要趁热享用，从烤箱取出后应立即食用。

●烹饪须知
鹰嘴豆饼是一道特色菜，可作为开胃菜、主菜、甜点，也可根据个人喜好随时享用。

配料
500克鹰嘴豆粉
100毫升橄榄油
盐

用具
1个铜制托盘或1张铝箔纸

配料

500克+1汤匙T55面粉
280毫升水
8汤匙橄榄油
3捆小甜菜
100克帕尔马奶酪碎
几段牛至
500克意大利乳清干酪
8个鸡蛋
黄油
盐，胡椒

用具

1个高口馅饼模具
1把刷子

● 建议配菜/配酒

碧奥维奥酒庄，阿莫尼维蒙蒂诺葡萄酒（波南特的利古里亚海岸法定产区）

● 主厨建议

您可以用紫色朝鲜蓟和洋葱代替甜菜。

● 烹饪须知

这道菜的传统做法是使用夸利亚塔奶酪或普雷西赛亚奶酪，但由于这两种奶酪的产量极其有限，人们如今选用意大利乳清干酪作为代替。

复活节馅饼 ★ ★
Torta pasqualina

自中世纪以来，复活节馅饼就是热那亚地区专门为复活节准备的一道传统素食菜肴。

8人份

准备时间：40分钟
发酵时间：1小时
烹饪时间：50分钟

在容器中倒入500克面粉，水，盐和4汤匙橄榄油，搅拌均匀后揉成面团。将和好的面团分成6个小面团，用布将面团盖住，放置，室温下发酵1小时。

在平底锅中盛入盐水后待其煮沸。甜菜剥皮洗净后下入煮沸的盐水中，煮熟后将甜菜捞出并切成薄片。甜菜片上撒上1汤匙面粉、一半帕尔马奶酪碎和牛至，搅拌均匀。

再找出一个容器，放入意大利乳清干酪，4汤匙橄榄油，2个鸡蛋，盐和剩下的帕尔马奶酪碎。

将面团压成薄薄的面饼（传统意义上来说应该有33层面饼，因为基督活到了33岁，但现在为了适应现代生活，人们将面饼层数减少至6～8层）。

在馅饼模具内部抹上一些油。将第一层面饼放入模具中，其厚度应超过模具1厘米左右。用刷子在面饼上刷一些橄榄油，然后将第二层面饼放在第一层面饼上。继续重复2～3次上述步骤，注意面饼间应尽可能不直接接触。

将制作好的甜菜均匀倒入模具中。随后在上面倒入刚才制作好的意大利乳清干酪混合物。
用汤匙在面饼上压出6个坑，每个坑中都打入1整个鸡蛋，撒上适量盐和黄油。

将剩下的面饼按照同样方法压在馅饼上。上述步骤完成后将馅饼边缘处折成好看的卷边。
用叉子在馅饼表面戳几个眼（注意不要戳散里面的蛋黄），刷上橄榄油后将其放入烤箱中200℃（调节器6/7挡）温度烘烤50分钟。

馅饼从烤箱取出后即可食用，但冷却过后食用口感更佳。

手工意大利面配罗勒松子酱 ★ ★
Trofie al pesto

这道菜使用的意大利面呈瓶塞状，是意大利雷克地区的经典菜肴之一。

4人份

准备时间：1小时
发酵时间：1小时
烹饪意面时间：3～5分钟

制作意面

向容器中倒入面粉后倒入水和1小撮盐。将面揉成比较柔滑、紧实且均匀的面团。将面团切成如豌豆大小的小块。小面块放在面板上，按对角线方向用手将面块轻搓成约4厘米长的瓶塞状小面条。随后静置发酵1小时。

制作酱汁

在等待面条发酵的过程中，将蒜瓣剥皮并去芽。罗勒叶洗净后将水分沥干，用手将叶片择掉，选取比较饱满的茎叶。石钵中捣碎粗盐和蒜瓣。倒入罗勒叶以画圈方式将罗勒叶研碎。随后放入松子和帕尔马奶酪碎搅拌均匀。滴入橄榄油直至酱汁呈质地均匀柔滑的奶糊状。

饭前制作

在平底锅中盛入水，煮沸后倒入盐和面条。面条煮熟后从水中捞出（煮3～5分钟），为保持其弹性，捞出面条后浇上2汤匙锅中的煮面汤。
面条浇上制作好的酱汁即烹饪完成。应尽快食用。

● 主厨建议

如想口感更佳，可在煮面中放入一些小的四季豆和土豆块。
其他做法：您可以加入一些青核桃；或者用其他香料代替罗勒叶（雪维菜、芝麻菜、薄荷、番茄干等）；也可用其他干果代替松子（杏仁、榛子、腰果等）。
剩余酱汁可倒入广口瓶中，倒入些许橄榄油后将瓶口封好放入冰箱中存放。建议在食用时再加入奶酪。

● 烹饪须知

罗勒叶香气容易挥发，且与金属接触时会迅速氧化。因此，研磨时建议选择石钵和木杵。也可用刀或食品搅拌器代替木杵，但这种做法不易保存罗勒叶香气。请勿选择泰国罗勒叶，其含有的薄荷味道不适于本菜口感。

● 建议配菜/配酒

科利·迪·鲁尼酒庄，露娜·波索尼，维蒙蒂诺白葡萄酒（法定产区）

技巧复习
制作鲜面条的面团 >> 第69页

制作鲜面条的面团 >> 第69页

配料

400克T65面粉
220～240毫升水
1瓣蒜
2捆欧洲罗勒
1汤匙松子
50克帕尔马奶酪碎
50克撒丁羊乳干酪碎
橄榄油
粗盐
盐

用具

1个石钵和1个木杵

配料

20克葡萄干
200克新鲜去壳四季豆
150克豌豆
150克新鲜蚕豆
1个土豆
1个洋葱
1瓣蒜
2个西葫芦
6片卷心菜
200克四季豆
6片甜菜，菊苣或玻璃苣
1根胡萝卜
2个番茄
3汤匙橄榄油
帕尔马奶酪
羊乳干酪
罗勒松子酱（详见第262页）
盐

用具

1个锅
1个蔬菜研磨器（可选）

意式浓汤 ★
Minestrone

4人份

准备时间：20分钟
烹饪时间：2小时

将葡萄干放入温水中浸泡10分钟使其软化，沥干水分后将葡萄干剁碎。

将新鲜四季豆，豌豆和蚕豆（如果蚕豆过大要先将第一层外皮剥掉）洗净去皮。
将蒜瓣剥皮去芽并切成小块。将其他蔬菜去皮洗净后切成小块：土豆、洋葱、西葫芦、卷心菜、四季豆、甜菜、菊苣或玻璃苣、胡萝卜。

在锅中放入2升水煮沸。将番茄放入锅中过水便于去皮。然后向水中倒入盐，去皮番茄，四季豆，葡萄碎和其他蔬菜。

倒入橄榄油，小火烹饪2小时。

将两种奶酪磨碎撒入。建议搭配奶酪碎和罗勒松子酱一起食用。

●建议配菜/配酒

芳塔纳科塔酒庄，西亚切特拉奥梅斯科葡萄酒（波尔纳西奥法定产区）

●主厨建议

汤完成后可以向汤中放一些面团或米饭，根据外包装说明适当调整烹饪时间。为使口感更为柔滑，可向汤中加入一些蔬菜末。

●烹饪须知

这道菜主要突出了春季蔬菜的口感，使散发出的蔬菜香味与罗勒松子酱完美融合。

圣雷莫式炖兔 ★ ★
Coniglio alla sanremese

利古里亚区的传统做法是用白肉制作本菜，如兔肉和家禽肉，使用牛肉、羔羊肉、小山羊肉和猪肉则较为少见。

8人份

准备时间：20分钟
腌制时间：30分钟
烹饪时间：约1小时30分钟

购买兔肉时请让肉店伙计帮忙将兔子去骨后切块。

向容器中倒入750毫升水和250毫升醋，将兔肉放入腌制30分钟。

在等待腌肉的过程中，向锅中倒入400毫升水，用中火烹饪兔头和内脏15分钟。

将洋葱剥皮后剁碎。核桃仁捣碎。

将兔肉块从水中捞出沥干，放入平底锅中翻炒，平底锅中不用倒入食用油，以便兔肉中剩余水分可以尽快蒸发。

将翻炒过的兔肉块倒入另一个小锅中，并倒入橄榄油使其上色。加入碎洋葱、蒜瓣、核桃碎、调味料和盐。洋葱炒至金黄色后倒入葡萄酒，小火烹饪约1小时。

待内脏做好后将其剁碎并做成肉汤，烹饪兔肉过程中不时浇一些肉汤。

在烹饪完成5分钟前放入油橄榄。

●建议配菜/配酒

马卡里奥德林根堡酒庄，多尔切阿夸波萨乌的萝瑟丝葡萄酒（罗斯法定产区）

●主厨建议

本菜可与蔬菜酱或烤土豆一起搭配食用。您也可以用未放入油橄榄的肉汤给面团提味。

配料

1只带肝脏的兔子，兔肉切成块状
250毫升葡萄酒醋
2个洋葱
2汤匙核桃仁
橄榄油
8瓣蒜
1小段百里香
1～2片月桂叶
1枝迷迭香
1升红葡萄酒
20个里维耶拉（或尼斯）油橄榄
盐

配料

4汤匙番茄汁（商店购买或详见第44页）
15克葡萄干
2汤匙盐渍刺山柑花蕾
2条盐渍或油渍鳀鱼
1小根胡萝卜
1根芹菜
1个洋葱
橄榄油
1瓣蒜
几段香芹
2汤匙松子
120毫升白葡萄酒
600克羊鱼
足量面包屑
盐，胡椒

热那亚式羊鱼 ★★
Triglie alla genovese

4人份

准备时间：40分钟
烤箱烘烤时间：约20分钟

提前准备

制作番茄汁（详见第44页）。
在温水中浸泡葡萄干10分钟使其软化。
视个人喜好用清水冲洗刺山柑花蕾和鳀鱼，除去盐分。

将胡萝卜、芹菜和洋葱削皮后剁碎。在平底锅中倒入橄榄油，将其和鳀鱼下入锅中一起翻炒。
蒜瓣剥皮去芽后剁碎。香芹洗净后切碎。将刺山柑花蕾和松子切成薄片。

将葡萄干从水中捞出沥干。待蔬菜炒至半透明状时，放入葡萄干，蒜，刺山柑花蕾，松子和香芹一起翻炒。倒入白葡萄酒和番茄汁。放入适量盐。

烤箱预热，将温度调至200℃（调节器6/7挡）。
将羊鱼处理后洗净。将羊鱼放在托盘上并浇上酱汁。撒上面包屑后将托盘放入烤箱烘烤。烘烤时间20～30分钟（视鱼的大小调整烘烤时间，当鱼眼完全变白时即可将鱼从烤箱中取出）。

● 建议配菜/配酒

奥塔维阿诺朗布鲁奇酒庄，马里纳海岸维蒙蒂诺葡萄酒（鲁尼山地法定产区）

● 主厨建议

与火鱼相比，推荐选择羊鱼，因其口感更佳，肉质更为鲜嫩。您可以通过其背部鱼鳍颜色（不透明）、鱼身颜色（更为明亮）和鱼头（更圆润）来判断其是否是羊鱼。

● 烹饪须知

也可选用其他鱼制作本菜，如鲅鳒鱼、箭鱼、红鳍笛鲷鱼、绿青鳕鱼、鲭鱼等。

技巧复习

盐渍鳀鱼 >> 第26页
番茄汁 >> 第44页

地狱章鱼 ★ ★
Polpo all'inferno

这是一道来自利古里亚地区的菜肴，做法是在沸水中烹饪章鱼和土豆。

4人份

准备时间：20分钟
烹饪时间：1小时30分钟

用清水仔细处理并冲洗章鱼。

蒜瓣剥皮并去芽。洋葱剥皮。胡萝卜和土豆削皮后洗净。将番茄洗净。

在平底锅中盛满水，调好火后放入胡萝卜、洋葱、蒜、整个番茄和香料，最后放入辣椒。

为保证章鱼口感柔和，将软木塞放入锅中。

待水开后将章鱼依次缓慢下入锅中，烹饪1小时。

倒入土豆，烹饪约20分钟。

捞出章鱼和土豆（其他可以不要），将水分沥干后浇上橄榄油，并撒上适量胡椒粉。

● 建议配菜/配酒
波焦代格力酒庄，阿尔比奥姆毕加图葡萄酒（波南特的利古里亚海岸法定产区）

● 主厨建议
建议选用章鱼。

● 烹饪须知
建议购买冷冻章鱼。

技巧复习
清洗章鱼 >> 第126页

配料

2～3条章鱼（1.2～1.5千克）
5瓣蒜
1个洋葱
1个胡萝卜
1千克土豆
4个番茄
1小段迷迭香
1片月桂叶
1根辣椒（可选）
特级橄榄油
盐，胡椒粉

用具

1个软木塞

配料

菜汤（详见第94页）
10克葡萄干
30克面包片
足量牛奶
2瓣蒜
几段香芹
4枝带茎的紫色朝鲜蓟
几段牛至
30克帕尔马奶酪碎
2汤匙橄榄油
120毫升白葡萄酒
1汤匙面包屑
盐，胡椒

蔬菜馅朝鲜蓟 ★
Carciofi ripieni

蔬菜馅在利古里亚区极受欢迎。本菜由西葫芦花、西葫芦、洋葱、茄子、蘑菇和朝鲜蓟制作而成，可作为开胃菜，也可作为前菜。

4人份

准备时间：10分钟
烹饪时间：30分钟

提前制作

制作菜汤。（详见第94页）

当天制作

将葡萄干放入水中浸泡。将面包片裹上牛奶。蒜瓣剥皮并去芽。香芹洗净后切下茎叶较厚的部分。

朝鲜蓟仔细洗净。剥掉外部较硬的叶子并切下叶尖（叶尖约占朝鲜蓟高度1/3）。将朝鲜蓟放在案板上，尽可能剥开剩下叶片，直至露出内芯。

制作蔬菜馅

切掉朝鲜蓟的茎。葡萄干从水中捞出后放在布或纸巾上吸干水分。将面包片，香芹和蒜瓣剁碎后搅拌均匀。加入帕尔马奶酪、牛至、盐和胡椒。

用蔬菜馅填充朝鲜蓟内部，并在其表面撒上面包屑。平底锅中倒入2汤匙橄榄油，将朝鲜蓟下入锅中。小火烹饪，随后倒入白葡萄酒，水开后浇上1勺蔬菜汤。继续用小火煨30分钟。

●建议配菜/配酒

特雷比安科酒庄，阿勒卡纳比安科葡萄酒（毕加图RLP，法定产区）

●主厨建议

利古里亚地区的朝鲜蓟口感柔和，故也可以做成沙拉生吃。朝鲜蓟洗净后切成薄片，加入橄榄油、柠檬汁、盐和胡椒后搅拌均匀即可食用。

●烹饪须知

您也可以将蔬菜馅朝鲜蓟放入烤箱中以温度180℃（调节器6挡）烘烤30分钟。

果酱挞 ★ ★
Crostata

本菜烹饪时间较短，祖母们会用家里的果酱做给孩子们吃。

8人份

准备时间：20分钟
发酵时间：30分钟
烹饪时间：30分钟

制作挞皮：

黄油切成小块后放置室温下使其变软，倒入面粉并搅拌均匀。加入糖，橙花水或马沙拉葡萄酒，打入1个完整鸡蛋和1个蛋黄，撒入1小撮盐。快速将面团和匀，注意不要让手心的热量使黄油完全融化。将面团裹上保鲜膜后放入冰箱冷藏30分钟。

在模具底部和凹槽处涂抹黄油和面粉。

将面团分成两个小面团（大小比例为2：1）。将较大的面团放在案板上压成约0.5厘米厚的面皮。随后借助擀面杖将面团压入模具内。用刀切掉露出模具外的面团，并用叉子在面团底部扎出几个小孔。

将果酱均匀涂抹在面团表面。烤箱预热，温度设置成200℃（调节器6/7挡）。

将小面团放置在案板上揉成与馅饼同样大小的尺寸。用宽2厘米的锯齿轮将其切开，摆在馅饼上形成网格状，并将面团边与饼边捏紧。

烤箱烘烤约30分钟，待果酱挞完全上色后即可取出。

●建议配菜/配酒

比森酒庄，西亚切特拉帕赛托葡萄酒（五渔村法定产区）

●主厨建议

在馅饼表面撒上一些杏仁薄片。您还可以选择用以下配料代替果酱：奶油、卡仕达奶油（做法详见第295页）、加过糖的意大利乳清干酪、与鸡蛋和糖混合在一起的马斯卡彭奶酪；或者是带有鸡蛋和柠檬丝的米布丁。

配料

100克黄油
200克T55面粉
100克糖
1咖啡匙橙花水或马沙拉葡萄酒
2个鸡蛋（1个完整鸡蛋+1个蛋黄）
盐
300克果酱

用具

1个直径28厘米的锯齿状馅饼模具
1个锯齿状小滚轮

艾米利亚·罗马涅大区、马尔凯大区

玛斯莫·波图拉
Massimo Bottura

推荐食谱

　　我小时候玩捉迷藏的时候经常躲在厨房的桌子下，从那时起我就产生了想要成为一名厨师的愿望。我的母亲、姑姑和祖母也在那张桌子上制作意大利饺子，这种感觉使我感到幸福。几年后，为了重现这段深刻强烈的童年记忆，我放弃了法律专业的学习，全身心投入到烹饪中来。现代化与乡土化二者间并无矛盾。现代化其实是一种表达对土地热爱的方式。人们常常忘记一点，即传统并不是一成不变的，它其实是时代不断发展的结晶。

　　在奥斯特里亚·弗朗赛斯加纳（Osteria Francescana）餐厅，我们依旧通过"桌下的视角"去看这个世界。我们试图用一种不带有任何怀旧色彩的批判性思维，将过去美好的东西带到现在。当代厨师会将自己放在一边，通过观看、抚摸、研究和演绎、将原材料升华。也就是说，在成为一名厨师之前，你要先当好一个饲养员、渔民、农民或者制作干酪的人。

帕玛森奶酪奶油饺子
Tortellini à la crème onctueuse de parmigiano reggiano

4人份

准备时间： 45分钟
发酵时间： 30分钟
烹饪时间： 35分钟

配料

1升鸡汤

面团

500克面粉
5个鸡蛋

肉馅

200克猪肉
200克小牛肉
2汤匙特级橄榄油
50克香肠
200克熟成24个月的摩德纳火腿
50克骨髓
300克帕玛森奶酪

奶油

50毫升矿泉水
200克帕玛森奶酪

制作面团

将面粉在面板上过筛后打上鸡蛋。用力和面15分钟直至变成表面均匀光滑的面团。用布盖好后发酵30分钟。随后用擀面杖将面团尽可能擀成一层薄薄的面皮。

制作肉馅

将猪肉和小牛肉剁碎。在平底锅中滴入少许特级橄榄油，将两种肉下入锅中翻炒。锅中放入先前单独炒过的香肠后即完成烹饪。关火后待其冷却。放入切成小块的火腿。搅拌均匀后倒入骨髓。将其放入绞肉机中绞2次，然后撒上帕玛森奶酪。再次搅拌均匀后放置一旁备用。将面皮切成边长2.5厘米的正方形，中间放上1小勺肉馅。将面皮捏成饺子状。
待水煮开后将饺子下入锅中。

制作奶油

在料理机中将水煮至80℃后缓慢放入帕玛森奶酪。将火力调大速度调快直至水沸腾。随后将温度降至60℃ ，于此过程中不断搅拌。将做好的奶油倒入空盘底部，然后放上煮好的饺子。

艾米利亚·罗马涅大区、马尔凯大区

小麦薄饼 ★
Piadina romagnola

这道菜由小麦面粉制成，制作过程极其简单。

8～10人份

准备时间：5分钟
发酵时间：1小时
烹饪时间：4～6分钟

将所有食材混合在一起，搅拌均匀后揉成面团。用布将面团裹好，发酵1小时。

将面团分成8～10个小面团。根据个人喜好，用擀面杖将面团擀成直径25～30厘米、厚2～6毫米的面饼（面饼在烹饪过程中会变厚）。

煎制过程应该迅速完成。选用生铁制成的平底锅（如电饼铛），将火调旺，煎制过程中应经常翻面，每面煎2～3分钟。由于面饼由小麦粉制作而成，所以烹饪过程中薄饼表面会起一些小气泡，为保证口感，用叉子将气泡扎破即可。

●建议配菜/配酒

里纳尔蒂尼酒庄，维奇奥起泡酒（艾米利亚的兰布鲁斯地区餐酒）

●主厨建议

本菜可与火腿，香肠，奶酪（块状糊状均可），蒜炒青菜（甜菜、菠菜、蘑菇、茄子等）一起搭配食用。刚出锅后的薄饼口感最佳。

●烹饪须知

为使薄饼在烹饪过程中变得蓬松，您可以在面团中放入4克发酵粉或小苏打。

配料

1千克T55面粉
150克猪油或橄榄油
250毫升牛奶
150～200毫升水
盐

用具

1个电饼铛

配料

500克青橄榄（选择个头较大的橄榄）
1个洋葱
1根胡萝卜
1棵芹菜
220克小牛肉
100克瘦猪肉
30克白鸡肉
肉豆蔻
120克帕尔马奶酪
橄榄油
1小段迷迭香
120毫升白葡萄酒
2个鸡蛋
炸制用油
足量面粉
足量面包屑
盐，胡椒

用具

1个去核器
1台食品处理机

炸橄榄丸子 ★ ★ ★
Olive ascolane

本菜可作为开胃前菜或者炸食拼盘。这是当地的一道经典菜。

8人份

准备时间：1小时
发酵时间：30分钟
烹饪时间：25分钟

准备橄榄

将橄榄洗净后用去核器去核。如果没有去核器的话用刀螺旋着将果核挖出。为防止其氧化，去核后将橄榄放入盐水中浸泡。

制作肉馅

将肉切成小块状。洋葱和胡萝卜去皮，芹菜剥皮并洗净，随后将洋葱、胡萝卜和芹菜切碎。将帕尔马奶酪和部分肉豆蔻磨成碎。

在平底锅中倒入橄榄油，将肉块下锅中进行翻炒。加入迷迭香和蔬菜碎。当蔬菜炒至半透明状时浇上白葡萄酒，待酒冒泡时撒入适量盐，烹饪10分钟。烹饪过程中可适量加入些水。

烹饪完成后用食品加工机将肉馅剁碎。加入1个蛋黄、肉豆蔻末、胡椒和帕尔马奶酪碎。搅拌均匀后放入冰箱中冷藏约30分钟。

从冰箱取出后挖出一小团肉馅塞进橄榄中。或者用切成螺旋状的橄榄去包裹肉馅。

将剩下的鸡蛋打散（1个蛋黄，2个蛋清）。打散后倒入油炸锅中炸制。

准备3个盘子，分别放上面粉、蛋液和面包屑。橄榄丸子按照盘子的摆放顺序依次裹上面粉、蛋液和面包屑。

将橄榄丸子下油锅中炸直至变成金黄色。烹饪完成后放在吸油纸上吸去多余油脂。

●建议配菜/配酒

乌曼尼隆基酒庄，维罗多洛葡萄酒（基耶蒂佩科里诺地区餐酒）

●烹饪须知

最近流行的做法是用鱼代替肉作为主要食材。

烤宽面条 ★★
Lasagne e vincisgrassi

本菜是一道需要放入烤箱中制作的菜肴。面条呈长方形，搭配番茄酱和肉酱，奶油调味酱和帕尔马奶酪。

6人份

准备时间：1小时15分钟
烹饪时间：1小时

提前准备新鲜面团

将面团擀成薄薄的面皮后切成约10厘米×14厘米的长方形。

制作番茄肉糜调味酱

详见第52页。

制作奶油调味酱

在平底锅中小火将黄油融化，撒上一些面粉后搅拌成白色的酱料。关火后倒入牛奶，搅拌均匀。将剩余牛奶缓慢倒入，不停搅拌直至面糊光滑均匀，且内无凝块。再次开火，不停搅拌直至沸腾。继续烹饪几分钟直至奶糊稍稀即可（放入烤箱烹饪后奶糊会变厚）。撒上盐和肉豆蔻后搅拌均匀。

制作面团

如果是自己手工和面的话，那面团需要提前准备。将布弄湿后放在案板上。准备一大盆冰水，1升水需加入1小勺盐和油，以此类推。找来一个平底锅将水煮开，每升水需加入等量的盐和油。将3～5片宽面条同时下入锅中煮3秒，随后用漏勺捞出立即放入冰水中。将面条从冰水中捞出沥干，置于湿布上。

烹饪宽面条

烤箱预热，温度设置成180℃（调节器6挡）。烤箱托盘抹上黄油并撒一些帕尔马奶酪。托盘底部均匀倒上一层奶糊；随后依次放上（注意一定要按照顺序摆放）：一层面条，奶油调味酱，番茄肉糜调味酱，帕尔马奶酪碎。重复上述步骤至食材全部用净。最后再放入一层面条、奶油调味酱和帕尔马奶酪。为保证面条口感不干，请再次检查托盘四角是否放入足量奶油调味酱。最后倒入少量水。用烤箱烹饪约1小时。

●建议配菜/配酒

乌曼尼隆基酒庄，库马洛优质红葡萄酒（科内洛法定产区）

●主厨建议

如果想提升食物香味，可加入一些牛肝菌干。
如果想使口感更为轻盈，可用白色调味汁（用原汤代替牛奶）代替奶油调味酱。
如果您想使面条呈绿色，可在制作面团时放入一些菠菜（详见第79页表格）。

配料

面：
400克鸡蛋鲜面条（详见第69页）

酱汁：
800克番茄肉糜调味酱（详见第52页）

奶油调味酱：
100克黄油
100克面粉
1升牛奶
肉豆蔻
盐，胡椒
帕尔马奶酪碎

●烹饪须知

面条可以提前制作。生面条或熟面条均可，将其置于冰箱冷藏室或冷冻室存放即可。

技巧复习

制作面条的面团 >> 第69页
番茄肉糜调味酱 >> 第52页

配料

肉汤

1份鸡架
1个洋葱
1根胡萝卜
1段香芹
盐

肉冻

1只带肝的去骨鸡（1.2～1.5千克）
黄油
1汤匙白兰地酒
2个煮鸡蛋（非必备食材）
100克开心果仁
1只牛脚
盐，胡椒

肉馅

100克帕尔马火腿
100克猪牛肉香肠
100克肉肠
200克牛肉碎
1个鸡蛋
50克帕尔马奶酪碎
肉豆蔻
2汤匙甜葡萄酒（风干甜白葡萄酒、
马沙拉葡萄酒或圣酒等）

用具

1层纱布（或薄布）
厨房用细绳
1个椭圆形盘子

开心果鸡肉冻 ★ ★ ★
Galantina di pollo con pistacchi

这道菜诞生于文艺复兴时期的博洛尼亚地区，是一道家庭聚会时的常见菜肴。

8人份

准备时间：45分钟
烹饪时间：2小时
冷冻时间：半天

提前准备原汤

在锅中盛入2.5升水，放入鸡架，去皮的洋葱，胡萝卜和洗净的香芹，撒上盐后煮1.5小时。滤出残渣后用小火继续烹饪。

制作肉冻

在平底锅中放入少量黄油，鸡肝下入锅中翻炒。撒上适量盐和胡椒后浇上白兰地酒。将鸡肝切成小块。
准备两个煮鸡蛋（水煮开后将鸡蛋放入水中煮10分钟，捞出后放入冷水中，将壳剥开）。

制作肉馅

将火腿和猪牛肉香肠切成小条。将二者与肉肠和牛肉碎混合均匀。打入1个鸡蛋，撒上肉豆蔻、盐和胡椒，浇入甜葡萄酒。搅拌均匀。

装饰肉冻

购买鸡肉时请让店家帮忙去骨，将鸡的背部朝下置于案板上，均匀塞入肉馅、鸡肝块和开心果。中间放上煮好的鸡蛋。将鸡身缝紧。用纱布将整只鸡包好后用细绳在外部将其缠紧。随后将鸡和牛脚一起放入原汤中，烹饪约2小时。鸡肉从锅中盛出后放入椭圆形盘子中，至少冷却半天。冷却后将布拆开。

与此同时将鸡汤倒入空的容器中，用保鲜膜包好后放入冰箱冷冻。食用前将冻好的鸡汤切块。

食用时将鸡肉冻切片，放上冻好的鸡汤块，搭配沙拉一起食用。

● 建议配菜/配酒

安里科瓦拉尼亚酒庄，马拉哥山地葡萄酒（博洛尼亚法定产区）

● 主厨建议

如想提升口感，请将松露洗净（参考白松露鞑靼牛排做法，详见第192页），并将松露和鸡肝切成小块搅拌在一起。如果想进一步提升口感，可用鹅肝替代鸡肝。

肉包肠 ★ ★ ★
Cotechino in galera

肉包肠起源于波河平原。1511年在摩德纳临城的米兰多拉城，当地居民用猪肉做菜。这道猪肉肠就是由猪蹄和一些调味料制作而成的。

6人份

准备时间：30分钟
烹饪时间：约25分钟

提前准备

制作原汤（详见第93～94页）并挑选猪肉肠。

当天制作

根据包装说明或者店家建议，烹饪猪肉肠。

将菠菜去梗后洗净。洋葱剥皮。胡萝卜和芹菜削皮洗净后剁碎。

在平底锅中放入菠菜，黄油和蒜瓣一起翻炒。冷却后将蒜瓣盛出。

将牛肉片放在案板上用锤肉器压扁。随后在上面放上火腿和菠菜，肉片中间放上烹饪好的猪肉肠。
用厨房专用细线将肉片卷起并打好结。
在平底锅中放入黄油和肉包肠。加入蔬菜碎，月桂叶，葡萄酒和原汤，撒上适量盐后中火烹饪约20分钟。

烹饪完成后将细线取出，并将肉包肠切成片状。从锅中盛出一些汤与本菜搭配食用。

●建议配菜/配酒

摩诺里纳尔蒂尼酒庄，皮基奥维尼亚红葡萄酒（艾米利亚-罗马涅大区餐酒）

●主厨建议

其他做法：制作本菜时可不使用菠菜，也可用小牛肉代替牛肉。

配料

150毫升原汤（详见第93～94页）
1根500克的猪肉肠
1千克菠菜
1个洋葱
1根胡萝卜
1棵芹菜
1瓣蒜
40克黄油
1片约400克重的牛肉（让店家选用牛扒肉切片）
80克切片帕尔马火腿
2片月桂叶
150毫升意大利红葡萄酒（Lambrusco）
盐

用具

1个锤肉器
厨房专用细线

配料

20克葡萄干
1个小洋葱头
2个柠檬
4条鳟鱼
200毫升橄榄油
50克杏仁薄片
100毫升干白葡萄酒
1小段迷迭香
黄油
盐，胡椒

蒙塔纳拉鳟鱼 ★
Trota alla montanara

本菜可作为开胃前菜或者炸食拼盘。这是一道当地的经典菜。

4人份

腌制时间：1～2小时
准备时间：20分钟
烹饪时间：25～30分钟

提前准备

将葡萄干放入水中浸泡10分钟使其软化，然后将其剁碎。

将洋葱头剥皮后切成薄片。柠檬榨汁。鳟鱼处理并洗净，倒入橄榄油，盐和柠檬汁后放入冰箱腌制1～2小时。

在平底锅中放入1块黄油、洋葱头薄片、葡萄干和杏仁薄片后进行翻炒。随后倒入白葡萄酒煮至冒泡。

烤箱预热，温度设置成180℃（调节器6挡）。

案板上放上4层铝箔纸，在铝箔纸表面刷上黄油，将鳟鱼放在中间。鱼肚内刷一些黄油并在鱼腩部位放一些迷迭香调味。每条鱼上均匀抹上刚才做好的酱汁，并撒上适量盐和胡椒。

最后用铝箔纸将鱼包好放入烤箱中烘烤25～30分钟。从烤箱取出后即可食用。

●建议配菜/配酒

特雷蒙蒂酒庄，罗卡维尼亚阿尔巴纳葡萄酒（罗马涅法定产区）

●烹饪须知

人们通常选用生活在本地区河流里的法里奥鳟鱼制作本菜，这种鳟鱼的鱼鳞颜色黑红紫相间。这道菜（这种肉色像鲑鱼的鳟鱼来源于美国，易于养殖）在帕尔马高地地区也极为常见。

肉酱蚕豆 ★
Fave alla bolognese

配料
1.2千克新鲜蚕豆或250克蚕豆干
2个白洋葱
40克熟火腿
40克猪牛肉混合香肠
1汤匙橄榄油
肉豆蔻
1汤勺原汤（做法详见第93～94页）
盐，胡椒

4人份
浸泡及预先烹饪（如果食材是蚕豆干的话）时间：2小时30分钟

准备时间：20分钟

烹饪时间：20分钟

提前准备
将蚕豆剥皮。如果您将蚕豆干选作食材，请将蚕豆干放入开水中浸泡（浸泡时间：2小时30分钟）。制作原汤（详见第93～94页）。

当天制作
在平底锅中将水煮沸，放入新鲜蚕豆煮3～5分钟（视蚕豆大小）。然后将蚕豆从水中捞出沥干。如果蚕豆过大，可再剥掉一层外皮。

洋葱和火腿去皮后剁碎。将猪牛肉混合香肠切成小块。平底锅中倒入1汤匙橄榄油，放入洋葱、碎火腿、蚕豆和香肠块一起翻炒。撒上适量盐和胡椒粉。浇上1勺原汤后搅拌均郁闷，盖上锅盖，用小火烹饪20分钟。

●建议配菜/配酒
弗朗切斯科尼保罗酒庄，兰贝卡桑娇维塞特级葡萄酒（罗马涅法定产区）

●主厨建议
建议挑选体型较小的蚕豆，这样烹饪出的口感会更美味柔和。蚕豆体型越大，口感越紧实：这种情况下需在蚕豆煮熟后再剥掉一层外皮。此外，新鲜蚕豆的豆荚也可食用。

●烹饪须知
您可以效仿艾米利亚-罗马涅大区的常见做法，用烫过的猪肉皮代替火腿和香肠。您也可以用熏猪肉或切成小块的风干猪面颊肉（未腌制过的猪的脸颊肉）作为代替。

配料

200克手指饼干或牛利饼干
几片装饰用的糖渍水果

卡仕达奶油

4个蛋黄
130克糖
60克面粉
500毫升牛奶
1根香草荚

打发奶油

250毫升稀奶油
1汤匙糖粉

糖浆

200毫升水
100克糖
250毫升葡萄干露酒（玫瑰甜酒）
400毫升胭脂红酒（起源于中世纪，以香料调制而成的甜酒）

用具

1个较深的蛋糕模具

英式甜羹 ★ ★
Zuppa inglese

这道甜点诞生于16世纪，由于当时爱沙尼亚与英国经贸往来频繁，爱沙尼亚公爵们的宫廷厨师们便根据英国乳脂松糕的做法在此基础上稍加改变，创造出了这道甜点。

6人份

准备时间：1小时
烹饪时间：10分钟
冷藏时间：1小时30分钟

制作卡仕达奶油

将蛋黄打散，加入糖和面粉后搅拌均匀。将打好的蛋液倒入锅中，缓慢倒入牛奶。小火烹饪并不停搅拌（请勿将牛奶煮沸，不然可能会变质）。待牛奶轻微冒泡时关火，将锅内液体倒在托盘或盆中。为防止起皮，在面团表面抹一层黄油，然后用保鲜膜包好后放入冰箱冷藏约1小时。

制作打发奶油

搅打稀奶油（为保证低温，奶油从冰箱取出后应立即制作），加入糖粉搅拌直至打发奶油成型。用保鲜膜包好后放入冰箱冷藏备用。

制作糖浆

向锅中盛入水并煮沸，煮沸后倒入糖。待糖完全溶化后将糖浆倒入2个酒杯中。其中1个杯子倒入葡萄干露酒；另外一个杯子倒入胭脂红酒。
在模具内部抹上一些卡仕达奶油。
用手指饼干依次蘸取2个酒杯中的糖浆，随后放入模具底部。饼干上放一层卡仕达奶油，重复上述步骤直至模具顶部被饼干覆盖。最后在饼干上抹上一层打发奶油。糖渍水果切片后装饰在饼干周围。
在阴凉处保存并于室温下食用。

● **建议配菜/配酒**

斯托帕酒庄，沃塔维尼亚玛尔维萨帕赛托葡萄酒（艾米利亚地区餐酒）

● **主厨建议**

您可以用牛利饼干代替手指饼干。如想制作双色英式甜羹，请在倒入卡仕达奶油这一步骤时同时倒入黑巧克力碎或可可粉。

● **烹饪须知**

如果没有葡萄干露酒和胭脂红酒，可用朗姆酒、樱桃酒以及其他果酒或花酒代替。

托斯卡纳大区、翁布里亚大区

瓦莱里娅·皮茨尼
Valeria Piccini

推荐食谱

相对于托斯卡纳其他地区，马里马地区保留着最为原始的风貌。在尊重环境的基础上，这片未受污染的土地适度地促进了农业和畜牧业的发展。那么还有什么必要再去其他地方寻找食材呢？我烹饪菜肴选用的食材都来自我周围的环境，卡伊诺地区的菜园更是足够让我们自给自足。

在本地饲养的家禽当中，我更倾向契安尼娜牛和马莱玛娜两种牛，以及琴塔猪。当然还有各种野味，尤其是野猪，野猪是当地美食中最常见的一种食材。

我一直热爱烹饪，除了自学以外，我也从我婆婆那里学到了她掌握的所有烹饪技巧。之前学习的化学知识让我更加注重对食材的严格把控，也让我更加明白细节和细微差别的重要性。我的烹饪风格是现代化的，但这并不意味着我摒弃了传统。我所追求的是在保留食材原有味道的同时，还要具有更加轻盈的口感。

酱汁羊肉
Agneau en sauce

羊肩肉保留其骨头后将其切成小块。羊肋骨洗净后用作装饰。锅中倒入特级橄榄油，加入蒜瓣和迷迭香翻炒后放入羊肋骨，将其炒至金黄色。炒好后浇上白葡萄酒，煮至冒泡。

将浓番茄汁倒入水中稀释，撒上盐后小火烹饪至少1小时。

与此同时制作烤面包，即将干面包放入烤箱中以180℃（调节器6挡）焙烤10分钟。随后在面包上抹少许蒜蓉，再将其下入锅中烤至金黄色。

在盘子底部放上烤面包，上面放几块羊肩肉并浇上1勺汤汁。最好用羊肋骨摆盘。

4人份

准备时间：40分钟
烹饪时间：1小时45分钟

配料

1块羊肩肉
4块羊肋骨
特级橄榄油
2瓣蒜
1小段迷迭香
250毫升白葡萄酒
2勺浓番茄汁
250毫升水
干面包
盐

食谱

299

托斯卡纳大区、翁布里亚大区

咸面包片 ★
Bruschetta e crostini

这是托斯卡纳地区最为经典的一道前菜，任何季节都可食用，通常搭配肉类。

8人份

准备时间：5分钟

烹饪时间：几分钟

烤面包片

在面包上浇上特级橄榄油（冷压初榨特级橄榄油），最好使用新油。

蒜蓉面包

将蒜瓣剥皮去芽，蒜瓣的一半剁碎。罗勒叶和百里香洗净去梗后择叶。番茄放入开水烫过几秒后放入冷水中，随后用削皮器给番茄去皮。把番茄切成小块。将番茄块、蒜末、百里香、罗勒叶混合均匀后倒入橄榄油和盐。将剩下的一半蒜瓣抹在面包片上，最后将刚才做好的调味酱抹在面包片上。

蘑菇面包

将蘑菇洗净后切成小块。香芹洗净去梗后切碎。蒜瓣剥皮去芽后剁碎。将番茄浓汁倒入原汤中稀释。平底锅中倒入橄榄油，下入蘑菇、香芹和蒜末翻炒。炒至冒泡时，倒入白葡萄酒。再次煮至冒泡后倒入番茄浓汁。撒上盐和胡椒后继续烹饪10分钟。烹饪完成后将其抹在面包片上。

面包搭配家禽肝脏

将半个洋葱剥皮后切碎，刺山柑花蕾，肝脏和鳀鱼剁碎。平底锅中倒入橄榄油，下入洋葱翻炒，随后放入刺山柑花蕾、肝脏和鳀鱼，继续烹饪3分钟。倒入葡萄酒。面粉中倒入少量水，搅拌成面糊后倒入锅中。撒上盐和胡椒。继续烹饪5分钟。将制作好的调味酱抹在面包上。

鳀鱼面包

将鳀鱼从油中捞出。将面包片上抹上黄油。每片面包上放一条鳀鱼。

●建议配菜/配酒

拉莫扎酒庄，佩拉齐莫雷利诺红酒（法定产区葡萄酒）

配料

烤面包片

8片烤乡村面包片（尽可能不放盐）

特级橄榄油

蒜蓉面包

8片烤乡村面包片

1瓣蒜

几片罗勒叶

几枝百里香

2个新鲜的熟番茄

橄榄油

盐

蘑菇面包

4片烤乡村面包片，每片都切成大小相同的两半

400克蘑菇（巴黎蘑菇，牛肝菌菇或其他）

几段香芹

1瓣蒜

1勺番茄浓汁

100毫升白葡萄酒

1份原汤（详见第93～94页）

橄榄油

盐，胡椒

面包搭配家禽肝脏

4片烤乡村面包片，每片都切成大小相同的两半

半个洋葱

1汤匙刺山柑花蕾

150克剁碎的家禽肝脏

2条油浸鳀鱼

100毫升托斯卡纳圣葡萄酒（烈性葡萄酒，如果没有可用白兰地酒，马沙拉葡萄酒，白葡萄酒或其他代替）

鳀鱼面包

4片烤乡村面包片，每片都切成大小相同的两半

8条油浸鳀鱼

黄油

配料

400克硬面包
700克成熟的新鲜番茄或400克罐头装去皮番茄
1个洋葱
4片蒜瓣
几根罗勒叶
2片鼠尾草
2汤匙橄榄油
1～2升水或原汤（详见第93～94页）
帕尔玛奶酪碎
盐、胡椒粉

番茄面包汤 ★
Pappa al pomodoro

这道汤是一道托斯卡纳的地方菜，是用硬面包做成的一道老少皆宜的美味佳肴。

4人份

准备时间：15分钟
浸泡时间：4～5小时
烹饪时间：30分钟

将硬面包放入盆中，用冷水浸泡4～5小时。

将番茄去皮（先后在沸水和冷水中浸泡几秒钟之后）、去籽并切块。洋葱剥皮并切成薄片；蒜瓣剥皮、去芽并切成圆片。清洗罗勒叶。

按压面包，将水挤出。

在平底锅中倒入橄榄油，放入洋葱翻炒。加入蒜片和面包，炒至变成金黄色。加入去皮的番茄、罗勒叶、鼠尾草，1分钟之后加入水或原汤直至没过所有食材。

烹饪30分钟，直到汤变得浓稠。佐以少量橄榄油和胡椒粉以及帕尔马奶酪碎即可享用。

● **建议配菜/配酒**

法尔马加洛圣法比亚诺卡尼亚酒庄，经典基安蒂葡萄酒（法定产区优质葡萄酒）

● **主厨建议**

潘科托的做法和面包汤一样，但是不需要番茄，并用月桂叶代替罗勒叶，再加上1个打好的鸡蛋和羊乳干酪碎。
还有一道用硬面包做的冷菜是潘扎内拉沙拉：一种用在水中泡过后挤干的硬面包、黄瓜、番茄、红洋葱、罗勒叶、橄榄油、葡萄酒醋做的黎巴嫩拌菜。

● **烹饪须知**

面包和番茄的品质对这道简单菜肴的口感有着直接影响。

野兔肉拌面 ★ ★
Pappardelle al sugo di lepre

托斯卡纳和翁布里亚有着狩猎的传统。在当季，还会有庆祝野味佳肴的节日。

4人份

腌制时间：6小时
准备时间：45分钟
烹饪时间：45～50分钟

提前准备

给胡萝卜和洋葱去皮，清洗芹菜并去叶。
在1个密闭容器中加入1升红酒、胡萝卜、洋葱、芹菜、香料，放入兔肉腌制6小时。

摊开意大利面面团，对折几次（详见第69页）。用刀切薄片，宽度2.5～3厘米。拿住切好的意大利面的一端并展开。将意大利面放在干燥机或者干抹布上。

把肉沥干水分，放入绞肉机中。扔掉腌制的汁。
接着剁碎蔬菜，放入平底锅中并加入橄榄油和香料。将肉放入锅中，使之均匀上色。加入番茄酱，煮5分钟。再加入1升红酒，煮40分钟直至酱汁吸收完全。撒上适量的盐和胡椒。

将盐水煮沸，在盐水中放入意大利面煮2～3分钟。将面沥干水分放入盘中，加上兔肉酱并撒上调料。

● 建议配菜/配酒

道尔恰布鲁奈罗蒙塔希诺桑娇维塞干红葡萄酒（法定产区优质葡萄酒）

● 主厨建议

您也可以用其他野味代替兔肉：野猪、狍子等。

⎮ 技巧复习
⎮ 制作面条的面团 >> 第69页

制作面条的面团 >> 第69页

配料

2个胡萝卜
1个洋葱
2根芹菜
500克去骨兔肉
2升红酒
2片月桂叶
2枝迷迭香
5个丁香
1份新鲜的意大利面面团
60克番茄酱
100毫升橄榄油
盐、胡椒

用具

绞肉机
新鲜意大利面干燥机

配料

120克黑松露
1片蒜瓣
几枝香芹
400～500克意大利面
4块炸鳀鱼排
100毫升橄榄油
盐

松露鳀鱼面 ★★
Spaghetti à la norcina

4人份

准备时间：10分钟
面条烹饪时间：参照包装说明

清洗松露。剥蒜并去芽，混合着松露打碎。清洗香芹，去梗，切碎成2汤匙的量。

煮意大利面。

在平底锅中加入橄榄油，放入鳀鱼排用小火炖烂，并用叉子捣碎。加入蒜泥和松露碎，小火煮3分钟，不要过分加热毁了这些精细的配料。按需撒盐。

将意大利面沥干水分，放入平底锅中与之前准备好的食材一起煮。

● **建议配菜/配酒**

洛克·法布里翁布利亚特雷比奥罗干白葡萄酒

● **主厨建议**

您也可以加入150克香肠，在锅中与其他食材一起用小火烧至黄色。

● **烹饪须知**

洗黑松露时，先用小刷子刷，然后在温水下冲洗，再用吸水纸小心地擦干。

利沃诺鱼汤 ★ ★
Cacciucco alla livornese

这道鱼汤当初被发明出来是为了利用那些最普通又最难卖的鱼。此后托斯卡纳的沿海各城市都推出了自己的版本。

8人份

准备时间：20分钟
烹饪时间：1小时10分钟

将洋葱剥皮并切成薄片；将蒜瓣剥皮去芽，将其中1瓣切碎（另一瓣留着涂在烤面包上）；清洗香芹并去梗，切碎成2汤匙的量；将辣椒剁碎。如有需要，将番茄去皮（先后在沸水和冷水中浸泡几秒钟之后）。将去皮的番茄切块。

仔细清洗鱿鱼和墨鱼（详见第125～126页）并切成小块。清洗所有的鱼并掏出内脏（保持其完整），如有需要，将猫鲨切成段。洗虾。

在平底锅中加入少许橄榄油，放入洋葱、蒜泥、香芹和鼠尾草并烤至金黄色。加入番茄、辣椒和番茄酱，煮20分钟。加入鱿鱼块和墨鱼块，煮10分钟。
加入鱼（鲭鱼、红鲻鱼、岩鱼、鳕鱼、石头鱼、红鳞鱼、海鳝、海鳗、狼鲈等），先放最大的鱼，最后放最小的鱼，以保证整体烹饪程度均匀。烹饪20分钟左右（由鱼的大小决定），烹饪期间小心地来回翻动，不要破坏鱼的完整性。
在烹饪结束前5分钟，加入虾蛄。

烤面包片，在面包上涂上蒜，浇上少许橄榄油，放在鱼汤上面，注意不要碰坏易碎的鱼肉。

● 建议配菜/配酒

普拉图卢梭费图纳酒庄，马里马托斯卡纳葡萄酒（优良产区餐饮葡萄酒）
圣法比阿诺酒庄，斯维罗托斯卡纳霞多丽白葡萄酒（优良产区餐饮葡萄酒）

● 主厨建议

您可以在烹饪结束前10分钟加入1小把贻贝（清洗过的）。
如果想做得更精细一些，切下鱼的脊肉，留着备用。
将剩下的部分与番茄、蔬菜一起烹饪，然后放入搅拌机中打成酱汁。然后将鱿鱼、墨鱼和鱼的脊肉放进酱汁中烹饪。

技巧复习

清洗鱿鱼 >> 第126页
清洗墨鱼并取出墨汁 >> 第125页

配料

1个洋葱
2片蒜瓣
几根香芹
1个小鸟辣椒（根据您的口味）
500克成熟的新鲜番茄
或者300克罐头装去皮番茄
500克章鱼/墨鱼/鱿鱼
1千克鱼肉（鲭鱼、红鲻鱼、岩鱼、鳕鱼、石头鱼、红鳞鱼、海鳝、海鳗、狼鲈或者所有用于做汤的生活在岩礁附近的鱼）
300克猫鲨肉
16只虾蛄（海螯虾或明虾也可）
2鼠尾草
1小勺番茄酱
2汤匙橄榄油
8片面包
盐

配料

2片蒜瓣
几根香芹
4个土豆
4个紫甘蓝
4个番茄
牛至
2汤匙黑橄榄
一条1.2千克左右的鱼
（狼鲈、鲷鱼、大菱鲆等）
一块黄油
橄榄油
足量的白葡萄酒
1个柠檬
盐、胡椒

厄尔巴岛风味鱼 ★ ★
Pesce all'isolana

4人份

准备时间：15分钟
烹饪时间：40分钟

给蒜瓣剥皮、去芽并打碎。清洗香芹并去梗。
清洗土豆并削皮，然后切成薄片。
清洗紫甘蓝，去掉外面最硬的叶子，切下顶部并切成块。
清洗番茄并切片。
在蔬菜中加入蒜泥、牛至、橄榄、盐和胡椒。

烤箱180℃（调节器6挡）预热。

将鱼洗净，并在两边斜着各切两道口子。用黄油和香芹塞满鱼的内部。

拿一块可以放入烤箱的烤盘，在烤盘上涂上油，将鱼放在中间。将加过调料的蔬菜放在四周。放入烤箱。
烹饪10分钟之后，浇上白葡萄酒。再烹饪40分钟（直至鱼的眼睛完全变白），期间时不时地撒一些柠檬汁。

建议搭配蔬菜食用。

●建议配菜/配酒
费杜娜酒庄，马里马西施白露干白葡萄酒（优良产区餐饮葡萄酒）

●主厨建议
您可以用刺山柑花蕾、茄子或牛肝菌代替牛至。

炖野猪 ★★
Cinghiale in umido

这道菜是翁布里亚和托斯卡纳的经典大作，在马里马内陆地区、托斯卡纳的南部地区一直到拉齐奥的北部地区都备受欢迎。

6人份
腌制时间：至少10小时
准备时间：30分钟
烹饪时间：2～3小时

提前一天准备
将2片蒜瓣去皮、去芽并打碎。清洗制作腌泡汁的蔬菜，去皮并切成大块。准备一个大盆，倒入红酒，放入肉、切成块的蔬菜、蒜泥、刺柏浆果、迷迭香和月桂叶。腌制至少10小时。

当天制作
将肉沥干水分。过滤腌泡汁。

打碎迷迭香。将番茄去皮（先后在沸水和冷水中浸泡几秒钟之后）。将第三片蒜瓣剥皮并打碎。

将肉切块，并裹上面粉。放入平底锅中，加入橄榄油煎烤使肉上色。上色完成后，加入迷迭香和蒜泥，煮几分钟后加入1瓶过滤后的腌泡汁一起加热。当酒完全蒸发之后，加入去皮的番茄，撒上盐和胡椒。继续烹饪。20分钟之后，浇上原汤，再煮2～2.5小时，直至酱汁变得浓稠。

● 建议配菜/配酒
巴迪亚可提布诺酒庄，经典基安帝珍藏红葡萄酒

● 主厨建议
这道菜可以和土豆或者玉米粥一同享用。
您也可以用剩余的酱汁拌意大利面。

技巧复习
制作面条的面团 >> 第69页
玉米粥的做法 >> 第101～106页

配料
迷迭香
4个成熟的新鲜番茄
或者250克去皮的番茄
3片蒜瓣
足量的面粉
橄榄油
400毫升原汤（肉汤或者菜汤，
详见第93～94页）
盐、胡椒

肉
1.2千克野猪肉（最好是里脊肉）

腌泡汁
2片蒜瓣
1个胡萝卜
1根芹菜
1个洋葱
750毫升红酒
5个刺柏浆果
1枝迷迭香
月桂叶

配料

2片蒜瓣
几枝迷迭香
1块1.5千克左右的烤里脊肉
5枝丁香
橄榄油
盐、胡椒

烤猪排 ★
Arista

这是一道佐以香料的烤猪排，可以追溯到14世纪。这个词来源于希腊语中的"aristos"，意思是"最好的"。

6-8人份

准备时间：10分钟
烹饪时间：2小时

烤箱以200℃（调节器6/8挡）预热。在烤箱内的烤盘上或普通烤烤盘内的底部抹油。

给蒜瓣剥皮、去芽，并混合着迷迭香打碎。撒上盐和胡椒。然后在肉上涂上一点刚做好的香料。

用刀尖在肉上戳一些小洞。在里面灌入刚才做好的香料和丁香。用迷迭香把肉绑起来。

把肉放在涂上油的板子或盘子上，加热1小时左右，时不时地浇一些烤出来的汁水并翻面，使之每一面都上色。

这道菜冷热均可享用，但是必须切成薄片。

●建议配菜/配酒

西施佳雅赛马托斯卡纳干红葡萄酒，优良产区餐饮葡萄酒

●主厨建议

这道烤肉最好是用铁钎烤。不管怎样，请配合土豆或者绿色蔬菜享用：卡塔卢尼亚的菊苣、萝卜叶子、托斯卡纳黑甘蓝、菠菜、牛皮菜等均可。可以浇上烤出来的酱汁。

●烹饪须知

您可以用茴香代替迷迭香（可用茴香粒或者茴香枝，放在烤肉上即可）。

佛罗伦萨炖白豆 ★
Fagioli alll'uccelletto

4人份

浸泡时间：1晚
准备时间：5分钟
烹饪时间：2～3.5小时

提前一天制作

将白豆在冷水中浸泡一整夜。

当天制作

在锅中倒入水，放入白豆、盐、月桂叶和小苏打，小火煮2～3小时（不要用沸水，因为会把食材都煮烂了）。

在此期间，给蒜瓣剥皮、去芽。如有需要，（先后在沸水和冷水中浸泡几秒钟之后）将番茄去皮。将蒜瓣和番茄打碎。

将白豆沥干。在平底锅中倒入橄榄油，放入蒜。再加入鼠尾草和白豆，煮10分钟。加入打碎的番茄，加盐，再煮20分钟。

加上少许橄榄油和胡椒粉即可享用。

●建议配菜/配酒

道尔恰圣安蒂莫灰皮诺干白葡萄酒（法定产区葡萄酒）

●主厨建议

如果您使用的是去了豆荚的新鲜白豆，只需要用小火煮15分钟。

配料

700克白豆（cannellini）
1片月桂叶
1小撮小苏打
2片蒜瓣
400克成熟的番茄
或者250克罐头装去皮番茄
2片鼠尾草
2汤匙橄榄油
盐、胡椒粉

配料

糖粉

制作蛋糕的香料

15克肉桂
2克肉豆蔻的假皮（或者肉豆蔻的花）
2克尾胡椒
半咖啡勺香菜籽
半咖啡勺丁香
半咖啡勺肉豆蔻

蛋糕

150克糖渍橙子皮
150克糖渍甜瓜
200克杏仁
30克可可粉
1张22厘米长的烘焙纸
50克面粉
125克蜂蜜
125克细砂糖

波尔韦里诺

可可粉
肉桂粉
香菜碎

用具

1个研钵或者咖啡磨
1把铲子
1个直径20厘米的蛋糕模具

香料蜂蜜蛋糕 ★ ★ ★
Panforte

这是一道特别古老的甜点，是锡耶纳的传统美食，从前人们将其作为圣诞节送给神职人员或者市政议会的礼物。

6人份

准备时间：40分钟
烹饪时间：30分钟
冷却时间：至少2小时

用研钵或咖啡磨将香料全部磨成粉。
将糖渍水果全都切成小块，并与杏仁、可可和香料混合。

将波尔韦里诺的配料——可可粉、肉桂粉、香菜碎全部混合在一起。

烤箱150℃（调节器5挡）预热。
将蛋糕模具放在烘焙纸上。
在平底锅中倒入蜂蜜，加入细砂糖，加热直至略微鼓起。
将糖类温度计放入平底锅中。当温度达到115℃或117℃时，将平底锅放入冷水中，停止烹饪。

如何判断是否略微鼓起？先用手指蘸点冷水，然后沾1小块糖浆并立刻放入冷水中（这一步是关键步骤！），手指上的糖浆形成了一个小球就可以了。

在糖浆中加入已经准备好的配料，然后倒入蛋糕模具中。

用铲子刮平整，用波尔韦里诺加以点缀，然后放入烤箱中加热30分钟。

待其冷却。摇晃蛋糕，去掉多余的波尔韦里诺部分。撒上足量的糖粉。

●**建议配菜/配酒**

道尔恰帕斯彻娜蒙塔希诺莫斯卡德洛甜白葡萄酒（法定产区葡萄酒）

杏仁长饼 ★★
Cantuccini

　　这种饼干源自普拉托。在托斯卡纳，很少有人在用餐的最后不吃上几块泡在自己酿的圣酒（一种托斯卡纳的甜葡萄酒）里的杏仁长饼。

8~10人份

准备时间：5分钟
烹饪时间：40分钟

托斯卡纳大区、翁布里亚大区

配料

250克杏仁
4个鸡蛋
1根香草荚或者香草香料
500克细砂糖
500克T55面粉
1咖啡勺小苏打
1个橙子
1汤匙茴香粒（可选）
盐

烤箱150℃（调节器5挡）预热。放入杏仁，加热10分钟，然后磨碎。

将蛋清打成泡沫状。将香草切成两半。
在鸡蛋中加入糖并搅打均匀。加入面粉、小苏打、香草、1撮盐和橙子皮，搅拌。
加入杏仁并搅拌。
轻轻地加入打成泡沫状的蛋白。

将烤箱温度提高至190℃（调节器6/7挡）。
将一张烘焙纸放在烤箱的烤盘上。

将得到的混合物分成2勺并加工成2个5厘米长的圆柱体。
将它们放在烤盘上。在烤箱中加热20分钟。烤至上色后取出。将每个圆柱体切成大约2厘米厚的薄片。

将烤箱温度调至170℃（调节器5/6挡），将切片放在烤盘上加热。5分钟之后，翻面并继续加热5分钟，直至杏仁长饼变得干燥松脆。

待其冷却，即可食用。

●建议配菜/配酒
巴迪亚可提布诺圣托基安蒂经典甜白葡萄酒（法定产区葡萄酒）

●主厨建议
可以用榛子代替一部分杏仁；做茴香长饼的话，用茴香粒代替杏仁即可；做巧克力长饼的话，用30克可可粉代替30克面粉即可。

●烹饪须知
应用金属罐储存杏仁长饼。

拉齐奥大区、阿布鲁齐大区、莫利塞大区

尼克·罗米托
Niko Romito

推荐食谱

我的故乡阿布鲁齐大区，可以说是一片正待发掘的宝藏。它有着丰富的地形：海洋、丘陵和山脉。它的价值也通过生长在此的一草一木得以体现。在这里，共性、个性、探索、食物和土地融会贯通。我的故乡不仅影响了我的烹饪风格，也影响了我的自身性格。

出于对烹饪的热爱和对美食孜孜不倦地追求，以及未来的各种潜能和可能性，我成为一名厨师。但归根结底，一直以来依旧是对烹饪的激情在激励我前进。我真诚地烹饪每一道菜。我的烹饪有着清晰强烈的风格。我的烹饪灵感来源于这片具有乡土气息的土地，来源于生长在这片富饶地区里森林、牧场、丘陵上的每一种生物。

我的菜品同样具有创新性，因为烹饪和其他领域一样，注重现代和传统的融合，其实就是对过去的传承。

羊肉
L'agneau

4人份

准备时间：4小时50分钟
烹饪时间：35分钟
冷冻时间：4小时

炸羊肉

选用合适的刀给羊排剔骨。撒上盐和胡椒。在不粘锅中倒入少许橄榄油和百里香，将羊排下入锅中油炸2～3分钟。关火，待羊排冷却后切成2厘米宽的圆块。朝鲜蓟处理后切块。铁锅中倒入2汤匙油、迷迭香、蒜末和薄荷叶，将朝鲜蓟下入锅中油炸，需要较长时间。用搅拌器将其搅碎，过滤后即成调味酱。借助裱花嘴将调味酱挤上厚厚的一层，涂在肉块上。将其放入冰箱冷冻室中冷冻。羊肉块冻好后依次裹上面粉、打散的蛋液和面包屑；随后放入冰箱冷藏室中解冻约2小时。与此同时，将短通心粉与葡萄汁混合，以使其口感香甜。视情况可加1勺水。最后将羊肉块下入油锅中炸。

鞑靼羊肉

挑选羊肉中最精瘦的部位，选用合适的刀将肉剁碎。倒上柠檬汁和橄榄油，撒上百里香碎、盐和胡椒。

羊排

将羊肋骨处理好后去皮并取下4扇羊排。撒盐。锅中倒入少许橄榄油，将其下入锅中直至炸成薄薄的金黄色脆片。杏仁切碎后与其他调味料搅拌均匀。羊排裹上面包粉后，放入烤箱中，以180度℃（调节器6挡）烹饪8分钟。

羊肉三明治

在和面机中放入面粉，糖，鸡蛋，面包酵母，水和1小撮盐。缓缓倒入黄油搅拌。搅拌均匀后将其倒入面包模具并放入烤箱以180℃（调节器6挡）烹饪20分钟。从烤箱将面包取出后待其冷却，切成厚1厘米的面包片。借助机器将其切成直径5厘米的圆形面包片。蛋黄打散，面包裹上蛋液后撒上一些芝麻粒。在不粘锅中放入黄油，随后将面包下入锅中油炸。倒入肉末、盐、胡椒和百里香。羊肉置于底层面包片上，再在上面盖上一层面包片。将三明治放入烤箱中以170℃（调节器5/6挡）焙烤6分钟。

最后一道工序

在空盘中放入羊肉块和短通心粉。放入鞑靼羊肉，浇上酱汁和油橄榄碎。放入羊排和三明治。最后放上一小片薄荷叶。

配料

炸羊肉配朝鲜蓟

300克羊排
初榨橄榄油
1枝新鲜百里香
1千克紫色朝鲜蓟
2小枝迷迭香
1瓣蒜
几小片薄荷叶
足量面包屑
足量T55面粉
1个鸡蛋（用于撒面包粉）
150克短通心粉（阿布鲁齐地区饼干）
30克葡萄汁
500克花生油（油炸用）
盐，胡椒

鞑靼羊肉

200克去骨羊小腿肉
1/4个柠檬
2枝新鲜百里香
少许初榨橄榄油
50克去核油橄榄
盐，黑胡椒

羊排

400克羊排
初榨橄榄油
60克去壳杏仁
2小枝新鲜百里香
2小枝迷迭香
几片薄荷叶
几片墨角兰
盐，胡椒

羊肉三明治

500克T55面粉
25克糖
3个鸡蛋
15克面包酵母
100克水
150克蛋黄
50克芝麻粒
140克软化黄油
10克黄油
100克剁碎的羊肩肉
1小枝新鲜的百里香
盐，胡椒

羊肉甜椒吉他弦意面 ★ ★
Spaghetti alla chitarra, ragù di agnello e peperoni

这是托斯卡纳地区最为经典的一道前菜，任何季节都可食用，通常搭配肉类。

4人份

准备时间：30分钟
发酵时间：至少30分钟
烹饪时间：1小时10分钟

前期准备

制作原汤（详见第93～94页）

制作意大利面

将面粉、鸡蛋和盐混合做成坚实、平滑、均匀的面团，包裹上保鲜膜后静置发酵，至少30分钟。

将面团分成8个小球，用擀面棍逐个摊开，面条宽度稍窄于压面机宽度（详见第168页），厚度为4毫米即可。

用擀面棍将面片依次按到压面机上，直至分离出面条。裹好面粉放置在烘干机或干布上。

制作羊肉甜椒酱

将羊肉切丁，甜椒切丝。将番茄捣碎，羊乳干酪擦丝。
在平底锅中倒入油、带皮的大蒜和月桂叶，加热。
放入羊肉丁，煎15分钟。倒入白葡萄酒。

加入甜椒和番茄，撒适量盐和胡椒。
将食材分布均匀，文火烹煮1小时左右。若酱汁有烧干的趋势，则视情况加入1～2勺原汁清汤。

最后一步：

另备锅烧水，水开后放入意大利面，煮10分钟。将面沥干水后撒上酱汁和干酪丝。

●建议配菜/配酒

瓦伦缇娜酒庄，蒙特布查诺麦思干红葡萄酒（法定产区葡萄酒）

技巧复习
去皮番茄 >> 第42页

配料

意面
400克硬质粗小麦粉
2个鸡蛋（常温环境下）
100毫升水

羊肉甜椒酱
300克羊肉
2个甜椒
2个成熟番茄或200克去皮番茄
羊乳干酪丝
2汤匙特级橄榄油
2瓣大蒜
2片月桂叶
100毫升白葡萄酒
几勺原汤（详见第93～94页）
盐、胡椒粉

用具
压面机（压成吉他弦意面）
面团干燥机

配料

200克风干猪面颊肉（香料腌制而成）或
意式培根（非熏制的猪胸肉）
4个鸡蛋
400～500克意大利面
100克羊乳干酪丝或帕尔马奶酪丝
胡椒

培根蛋意大利面 ★
Spaghetti alla carbonara

"carbonara"是一种原产地存在争议，但历史并不久远的酱料：其出现于第二次世界大战接近尾声时。这一名称据说来源于"carbonari"（烧炭党人）——19世纪初成立的一个主张自由、爱国的秘密团体的成员；还有说来源于"carbonai"——煤炭工人；另一说是因这道菜里的大量胡椒使其呈炭黑色而得名。

4人份

准备时间：15分钟
面团烹饪时间：以生产厂家为准

将腌猪肉切条，放入平底锅中烘烤。关火。

在色拉盆中用叉子或搅拌器将鸡蛋、干酪和胡椒混合至黏稠状。

煮意大利面，稍稍沥干水。

将面条和腌猪肉一同倒入平底锅中翻炒，炒好后倒入色拉盆中与酱汁迅速混合。

● 建议配菜/配酒

塞吉奥莫图拉酒庄，奇维泰诺阿丽亚纳葡萄酒（优良产区餐饮葡萄酒）

● 主厨建议

以上是这道菜的菜谱中最精简的版本。其基本问题之一便在于是否在倒入腌猪肉时加入带皮的大蒜，尽管上菜前还要将其取出。另外，关于是否应加入洋葱、香芹、蛋清等也存在一些争议。
您可以选择用帕尔马奶酪代替羊乳干酪，稀奶油代替蛋清，水管面或粗纹通心面代替实心面，等等。

● 烹饪须知

在世界各地的餐馆中，将培根蛋酱与意大利面搭配食用都很常见。而事实上，意大利面的原材料本就包含鸡蛋，再与蛋黄酱搭配口感并不好，这种做法实在荒谬透顶。

番茄辣椒肉酱意面 ★
Bucatini all'amatriciana

本菜品名称"all'amatriciana"源自意大利拉齐奥大区的阿马特里切市，其位于与阿布鲁兹大区的交界处附近。

4人份

准备时间：15分钟
烹饪时间：30分钟

洋葱去皮切碎，干酪擦丝。

将番茄洗净，用去皮刀去皮或于沸水中浸泡几秒再放入冷水中以去皮。切掉尾部，并根据个人喜好去籽后切碎。

将猪肉切丁，放入倒好橄榄油的平底锅中，煎至焦黄后倒入切碎的洋葱。待洋葱呈半透明状，放入辣椒和切好的番茄。撒盐，烧煮10分钟左右。

另准备一锅水，沸腾后撒适量盐，开始煮意大利面（依照产品说明操作）。沥干面后将其倒入平底锅中，与做好的酱汁和干酪一同翻炒。完成后即刻食用。

●建议配菜/配酒

波吉奥勒沃比酒庄，巴卡罗萨拉齐奥黑波诺葡萄酒（优良产区餐饮葡萄酒）

●主厨建议

可根据喜好用实心面代替圆管面，用帕尔马奶酪替代羊乳干酪。

配料

1个洋葱
100克羊乳干酪
800克熟透的番茄或300克箱装去皮番茄
120克风干猪面颊肉（用香料腌制而成）
或意式培根（非熏制的猪胸肉）
2汤匙橄榄油
1个小鸟辣椒
400～500克圆管面（bucatini）
盐

用具

番茄去皮刀

配料

1瓣大蒜
1根胡萝卜
1个洋葱
切碎的香芹
500克去皮番茄
8根芹菜
2汤匙葡萄干
100克风干猪面颊肉（用香料腌制而成）
或意式培根（非熏制的猪胸肉）或猪膘肉
1.8千克牛尾和牛脸颊肉
（即1根牛尾和牛脸颊肉共计1.8千克）
2汤匙橄榄油
3粒丁香
250毫升红酒
1汤匙松子
1咖啡匙可可粉
盐、胡椒粉

用具

砂锅
长柄汤勺（用于撇油）

意式屠户牛尾★★
Coda alla vaccinara

　　这道菜诞生于雷格拉地区。该地区的居民多为在罗马屠宰场工作的工人，这道菜由此得名。

4人份

准备时间：1小时
烹饪时间：4小时

将大蒜去皮、去芽。胡萝卜、洋葱去皮并切碎。香芹洗净、去梗并切碎。芹菜洗净切段。葡萄干浸泡于清水中。

将腌猪肉切碎。

将牛肉反复冲洗几次并切块，锅中水开后将其倒入，煮30分钟。肉捞出沥干，用长柄汤勺将清汤表面的油撇去，放置一旁。
另备炖锅（砂锅为宜）倒入橄榄油和腌猪肉，煎制牛肉。加入切好的蔬菜、大蒜、香芹和丁香。

待蔬菜呈半透明状，倒入红酒。加入番茄、1杯水、盐及胡椒粉。让食材在锅中分布均匀，文火焖煮3小时，不时搅拌。根据情况加入少量牛肉清汤以避免烧糊。

加入芹菜段，再焖煮20分钟。倒入松子、葡萄干和可可粉，再煮几分钟。

烹饪完成时，汤汁应浓稠，牛肉应酥烂易去骨。
可搭配面包趁热品尝。

●建议配菜/配酒

保利斯城堡酒庄，坎波韦奇奥罗索拉齐奥红葡萄酒（优良产区餐饮葡萄酒）

●主厨建议

使用高压锅可将焖煮牛肉的时间减少至1小时。

●烹饪须知

传统菜谱主张将牛尾和牛脸颊肉混合烹饪。实际操作时可根据个人喜好不放牛脸颊肉或不加入可可粉。

技巧复习
去皮番茄 >> 第42页

烤羊肩 ★ ★
Abbacchio

　　L'abbacchio指的是重8千克以下的羔羊。作为罗马特色，这道菜主要用于庆祝节日，尤其是复活节。

4人份

准备时间：40分钟
烹饪时间：2小时

大蒜剥皮、去芽，和迷迭香、鼠尾草一起切碎。土豆去皮切块。

烤箱预热至200℃（调节器6/7挡）。

在羊肉中加猪膘肉，放上烤箱盘。撒上蒜、迷迭香、鼠尾草、盐及胡椒粉调味。加入土豆块和几根迷迭香，倒入橄榄油。

将食材放进烤箱。15分钟后倒入葡萄酒，温度调低至180℃（调节器6挡）。烤制1～1.5小时，期间注意不时将肉和土豆翻面，以保证受热均匀。

●建议配菜/配酒

伐勒科酒庄，孟提阿诺干红葡萄酒（优良地区餐酒）

●主厨建议

放入土豆时可根据喜好加些许洋葱。
传统菜谱中还包括一项浇汁环节：烹饪结束前15分钟，将含有醋、鳀鱼排及切碎的蒜和迷迭香的混合酱汁倒在羊肉上即可。

配料

1瓣大蒜
几根迷迭香
几片鼠尾草
4个土豆
1千克左右的羊后腿或羊肩肉（羔羊）
1片猪膘肉
橄榄油
150毫升白葡萄酒
盐、胡椒粉

配料

2只鸽子
1瓣大蒜
1个洋葱
1根胡萝卜
1根芹菜
500毫升红酒
1根香芹
1根迷迭香
几片鼠尾草
几片月桂叶
1根百里香
橄榄油
1汤匙面粉
3汤匙红酒醋
3条油浸鳀鱼
盐

烩乳鸽 ★ ★
Piccioni in salmì

这份菜谱在意大利十分流行，能够极好地缓和野味强烈的口感。

4人份

浸泡时间：至少12小时
准备时间：1小时30分钟
烹饪时间：1小时20分钟

将鸽子切块，大蒜、洋葱、胡萝卜去皮，芹菜洗净。

将鸽子肉与蔬菜、香料一同放入红酒浸泡至少12小时。沥干汁水后将蔬菜及香料切碎。

在平底锅中倒入橄榄油，将鸽肉煎至金黄。加入腌好的蔬菜、香料。文火炖10分钟，并不时搅拌。

加入面粉、盐，混合后倒入红酒醋和部分之前滤出的红酒，继续加热1小时左右。期间视酱汁烧煮情况加入滤出的红酒。

取出鸽肉，装盘。

将鳀鱼排放入酱汁中融化。将酱汁过滤后浇在鸽肉上即可。

●建议配菜/配酒

玛爵诺朗酒庄，敦露奇莫利塞葡萄酒（法定产区葡萄酒）

●主厨建议

本菜可搭配烤面包片、烤玉米粥片、烤箱烘焙玉米粥片或油炸玉米粥片食用（详见第106页）。

▼ 技巧复习

烤玉米粥片 >> 第106页
油炸玉米粥片 >> 第106页

烤海螯虾 ★
Scampi gratinati

这是罗马厨师艾达·博尼独创的菜谱，取自她所著的烹饪书《幸福的护身符》。该书于1929年首次出版。

6人份

准备时间：10分钟
浸泡时间：1小时
烹饪时间：8～10分钟

海螯虾洗净，从胸部开口但不要切断，放入白兰地酒中浸泡1小时。沥干汁水后将其放入烤盘中。

烤箱预热至200℃（调节器6/7挡）。

在食材中倒入橄榄油、盐及胡椒粉调味，撒上适量面包屑。

放进烤箱烘烤8～10分钟。

搭配柠檬片趁热食用。

●建议配菜/配酒

塞奇奥莫图拉酒庄，拉齐奥产区格莱切多葡萄酒（优良产区餐饮葡萄酒）

配料

3千克海螯虾
250毫升白兰地
橄榄油
100克面包屑
1颗柠檬
盐、胡椒粉

配料

4个洋蓟或紫色朝鲜蓟
1个柠檬
食用油
盐、胡椒

炸蓟 ★ ★
Carciofi alla giudia

这道菜历史悠久，诞生于罗马的犹太人区。由于该地区附近盛产朝鲜蓟，所以即便是穷人也买得起朝鲜蓟。

4人份

准备时间：10分钟
烹饪时间：20分钟

将朝鲜蓟处理后洗净。借助刀子将外部较为坚硬的外皮削掉，切掉叶尖和颜色较深的部分。在保留整体的前提下切掉较硬的叶梗部分。保留剩下部分。

将朝鲜蓟浸泡在加入柠檬汁后的清水中。
10分钟后将朝鲜蓟从水中捞出沥干并擦干。
用手尽可能将多余叶片剥掉但不要破坏朝鲜蓟。然后在朝鲜蓟内部撒上盐和胡椒。

油温预热至140℃，将朝鲜蓟下入锅中，茎叶朝下，炸7～8分钟。将油温调高到160℃，继续炸7～8分钟。
为使朝鲜蓟口感更为松脆，可在油炸后喷一些冷水继续炸2分钟，然后将朝鲜蓟盛出放在纸上吸掉多余油脂。

烹饪完成后请立即食用。

● 建议配菜/配酒

波吉奥勒沃比酒庄，埃伯斯佛兰斯卡蒂葡萄酒（法定产区葡萄酒）

● 烹饪须知

罗马地区盛产洋蓟，即不带刺的紫色朝鲜蓟。

小甜面包 ★★★
Maritozzi

这道菜在该地区非常常见，而因宗教条例严苛，它更成了斋戒时期中的必备菜肴。它也是情人节时未婚夫妇应食用的甜食，其意大利名maritozzo来源于于意大利语的丈夫marito。

制作12个面包

准备时间：4小时
发酵时间：1~2小时
烹饪时间：10分钟

将鸡蛋和黄油从冰箱中拿出放置在室温下。

将酵母弄碎，浇上1汤匙温水将其融化。碗中放入酵母、50克面粉和蜂蜜后搅拌均匀。盖上布后待其发酵，直至其体积变为原来的2倍（15分钟~1小时）。

随后倒入剩下的面粉、鸡蛋、黄油、盐、糖和少量水。
将面揉成表面均匀柔软且光滑的面团状。
将面团放入大碗中发酵，盖上布后等待1~2小时，直至其体积变为原来的2倍。

与此同时，将葡萄干放入温水中软化，用布将其擦干后蘸上少许面粉。将糖渍橙皮切成小块。烤箱托盘底部抹上黄油。

面团发酵好后，在面团里放入葡萄干、松子和橙皮。将面团和匀后分成12份。将每份都压成椭圆形的小面包，然后将其置于托盘上。盖上布后等待面包发酵成原来的2倍大（发酵1~2小时）。

与此同时，烤箱预热温度设置成200℃（调节器6/7挡），制作打发奶油（详见第295页），加上2汤匙糖和1汤匙水后制成糖浆。

将小面包放入烤箱中烘焙6~8分钟：应烤至金黄色。浇上糖浆后继续放入烤箱1~2分钟，使糖浆变干。

食用前将面包切成大小相等的两半，但不要将面包完全切开（请看照片），面包内加入打发奶油。最后撒上糖粉。

●建议配菜/配酒
保利斯城堡酒庄，白贝朗尼佛兰斯卡蒂葡萄酒（法定产区葡萄酒）

●主厨建议
之前的做法因条件受限，便用橄榄油代替黄油。此外，您可以用1汤匙茴香籽代替葡萄干、松子和糖渍橙皮，也可以用水代替奶。面包也可不加奶油食用。

配料
1小块面包酵母
250克T45面粉+1汤匙T45面粉
1咖啡匙蜂蜜
1个鸡蛋
50克黄油
30克糖
30克葡萄干
20克糖渍橙皮
20克松子
2汤匙糖
打发奶油（详见第295页英式甜羹的做法）
糖粉
盐

坎帕尼亚大区

阿尔佛所·阿卡里诺
Alfonso Iaccarino
推荐食谱

我可以说是在旅店出生的，我家四代人都经营旅店。我的祖父是一个很优秀的人，他教会了我大大小小的所有事。他很喜欢烹饪。我小的时候，他就经常带着我去农民那里挑选食材，面条、马苏里拉奶酪，以及得益于地中海气候和火山土壤的香甜可口的番茄，都是那不勒斯及其附近地区的代表产物。而大海至今对我都有着十分重要的意义，因为它赋予我能量。

我烹饪的灵感也都来源于我生活的这片土壤。尽管我的烹饪风格十分现代化，但我依旧遵循着当地的风俗。而这种尊重也会随着生产方式的演进不断变化。我在自己拥有的那片80 000平方米的土地上一直秉承着生态农业和有机农业的理念进行种植。自然之母教导着我们要怀有耐心，尊重季节更替。我也学习着聆听大自然的声音。

维苏威火山通心粉
Vésuve de rigatoni

4人份

准备时间：1小时
烹饪时间：2小时30分钟

将猪脊骨肉切成4片3毫米厚的肉片，放上葡萄干、松子、香芹、蒜末和1小撮盐后卷成肉卷。用细绳卷好。

将面包片放入醋中浸泡后取出，在平底锅中倒入初榨橄榄油，将面包片下入锅中炸至金黄色后盛出。将猪肋骨，肉卷和1整个洋葱放入锅中一起翻炒。待洋葱炒至金黄色时浇上白葡萄酒。倒入番茄酱后用文火炖约2小时15分钟。

将碎猪肉，蘸有牛奶的软面包、1个鸡蛋、蒜末、盐和胡椒混合在一起搅拌均匀。随后将其团成小肉丸。在平底锅中倒入橄榄油，将肉丸下入锅中油炸。将40片罗勒叶放入沸水中浸泡，随后倒上少许橄榄油将罗勒叶混合均匀，制成罗勒酱。

将40毫升牛奶放凉后倒入70克马苏里拉奶酪碎，隔水加热。将豌豆和洋葱下入锅中翻炒，将剩下的马苏里拉奶酪切成小块（约180克）。将剩下的1个鸡蛋放入开水中煮7分钟。鸡蛋冷却后剁碎。
通心粉煮3分钟后盛出，倒上一半番茄酱和一半罗勒酱后搅拌均匀。

在直径8厘米，高4厘米的铝制模具中，放入通心粉，马苏里拉奶酪块，小豌豆，鸡蛋，肉丸和罗勒叶，然后用保鲜膜包好。为保证口感平衡，建议将马苏里拉奶酪放入模具底部和顶部。将其放入烤箱中，以160℃（调节器5/6挡）烹饪14分钟。

将模具取下后装盘。浇上番茄酱，马苏里拉奶酪酱和罗勒酱。撒上罗勒叶后滴上少许橄榄油。

配料

60克碎猪肉
30克软面包
60毫升牛奶
2个鸡蛋
10克蒜
50毫升初榨橄榄油
50片罗勒叶
250克马苏里拉奶酪
50克小豌豆
15克洋葱
260克通心粉
盐，胡椒

番茄炖菜

200克猪脊骨肉
200克猪肋骨
40克葡萄干
40克松子
20克香芹碎
3瓣蒜
80克面包片
100毫升红葡萄酒老醋
100毫升初榨橄榄油
50克洋葱
50毫升白葡萄酒
2千克圣马扎诺番茄酱
盐

番茄配马苏里拉奶酪 ★
Caprese

　　这道菜是意大利的代表菜：聚集了番茄的红色，干酪的白色和罗勒叶的绿色——这三种颜色正是意大利国旗的颜色！

4人份

准备时间：5分钟

将罗勒叶洗净并择叶；将番茄洗净。

将番茄和奶酪切成厚度约3毫米的薄片。盘中交替地摆放番茄和马苏里拉奶酪。倒入橄榄油和盐。最后撒上几片罗勒叶。

●建议配菜/配酒

格罗塔索洛酒庄，阿韦尔萨阿斯品诺·圣奇普里亚诺葡萄酒（法定产区葡萄酒）

配料

几片新鲜罗勒叶
4个成熟的番茄
600克马苏里拉奶酪（2个球状或1个辫状）
4汤匙特级初榨凉橄榄油
盐

配料

2千克贻贝
1瓣蒜
几段香芹
1个柠檬
100毫升白葡萄酒
几片面包
足量橄榄油
胡椒

浓汁烧贻贝 ★
Impepata di cozze

这道菜诞生于1773年，最早出自一个名叫文森佐·科拉多（Vincenzo Corrado）的厨师之手，其一经推出便受到了意大利南部地区人们的热烈欢迎。

4人份

准备时间：30分钟
烹饪时间：20分钟

处理贻贝。
擦拭贝壳表面，拔掉足须后将贻贝洗净。

将蒜瓣剥皮并去芽。香芹洗净，去梗后切碎。
柠檬洗净后切片。

在平底锅中放入贻贝和蒜瓣一起翻炒。贝壳开口后浇入白葡萄酒，撒上足量胡椒后翻炒均匀，关火。翻炒的酱汁盛出备用。

烘烤面包片。

将贻贝盛入空盘或生菜盘中，浇上刚才盛出的酱汁，倒入香芹碎和柠檬片搅拌均匀。面包片烤好后放在餐桌上，供食客搭配贻贝一起食用。

●建议配菜/配酒

格罗塔索洛酒庄，科斯特卡马地区，坎皮佛莱格瑞法兰娜葡萄酒（法定产区葡萄酒）

●烹饪须知

夏季的贻贝口感最佳。建议购买打捞3天内的新鲜贻贝，不要选择贝壳有缺口或者触碰贝壳时贝壳无法合上的贻贝。

蛤蜊意面 ★
Vermicelli (spaghettoni) alle vongole veraci

蛤蜊意面是一道举世闻名的那不勒斯地区代表菜。虽然叫作意面，但实际上选用的是比意面略粗一些的面条。

4人份

准备时间：15分钟
除沙时间：1小时
烹饪意面时间：见包装外部标签说明

蛤蜊放入冷盐水中除沙，浸泡1小时。
将香芹洗净后去梗，切成约2汤匙量的香芹碎。蒜瓣剥皮去芽后剁碎。

用清水将蛤蜊冲洗干净，捞出沥干水分时再次检查沙子有没有除净。

在大的平底锅中倒入4汤匙橄榄油，加入蛤蜊，1汤匙香芹碎和蒜瓣，一起翻炒。
当蛤蜊贝壳完全打开后，撒上1汤匙面粉继续翻炒。撒上胡椒并倒入白葡萄酒。

在平底锅中盛入盐水，放入意面，煮熟后捞出。

在平底锅中下入煮熟的意面，倒入第2勺香芹碎后与蛤蜊一起翻炒2分钟。
食用时可将意面卷入贝壳中与蛤蜊一起食用。

●建议配菜/配酒
马斯特巴迪洛酒庄，纳瓦塞拉格雷克干白葡萄酒（法定产区优质葡萄酒）

●主厨建议
为防止蛤蜊出现嚼不烂的情况，其烹饪时间不应过长。您也可以用蚶子、樱蛤或竹蛏代替蛤蜊。

配料

1千克蛤蜊
1小段香芹
2瓣蒜
400～500克意面（较粗的意面）
4汤匙橄榄油
1汤匙面粉
50毫升白葡萄酒
盐、胡椒

配料

40克盐渍刺山柑花蕾
1小段香芹
2瓣蒜
100克油橄榄
辣椒（根据个人喜好）
400克去皮番茄或700克新鲜的熟番茄
2汤匙橄榄油
8条油浸鳀鱼
400～500克笔管面
盐、胡椒

烟花女意大利面 ★
Penne alla puttanesca

　　这道菜诞生于20世纪50年代。有人认为这道菜来自那不勒斯地区中那些说西班牙语的地方，因为那里烟花女众多；也有人认为这道菜诞生于伊斯基亚，一家餐馆的老板为了满足那些着急用餐食客们的需要，灵机一动创造出了这道可快速烹饪的菜肴；还有人认为那不勒斯人受普罗旺斯风格的影响，并以此为灵感发明了本菜。

4人份

准备时间：30分钟
烹饪时间：25分钟

将盐渍刺山柑花蕾放入温水中充分浸泡，然后从水中捞出。
将香芹洗净去梗后剁成1汤匙量的香芹碎。
将蒜瓣剥皮去芽后剁碎。
将油橄榄去核。辣椒剁碎。
根据个人口味将番茄去皮（将番茄放入沸水中烫几秒后再放入冷水中）。

在平底锅中倒入橄榄油并倒入蒜末翻炒。随后放入辣椒、油浸鳀鱼、油橄榄和刺山柑花蕾一起翻炒。再往其中放入去皮番茄和大半的香芹碎，继续烹饪15分钟。

在烹饪过程中煮面（煮面时间可参看外包装上说明）。

面煮好后倒上酱汁，并撒上盐和剩余香芹碎调味。

● 建议配菜/配酒

田纳维加里奥酒庄，阿维利诺菲亚诺葡萄酒（法定产区优质葡萄酒）

● 主厨建议

一般来说烹饪本菜时不需用到帕尔马奶酪碎。
笔管面也存在其他做法，烹饪方法与上文一样，只是所用食材不同：用牛至代替香芹，青橄榄代替油橄榄，不放鳀鱼而是放更多辣椒！

● 烹饪须知

您也可以选用醋渍刺山柑花蕾，但这样做出来的酱汁口感会变酸。

技巧复习
去皮番茄 >> 第42页

那不勒斯肉卷 ★★
Polpettone alla napoletana

这是一道用先前烹饪中剩余的肉和食材制作而成的传统美食。

8人份

准备时间：40分钟
烹饪时间：45分钟
制作酱汁时间：30分钟

制作肉卷

煮2个鸡蛋，煮熟后放入冷水中浸泡几分钟，随后将鸡蛋剥壳备用。将硬面包泡入牛奶中并将其压软。蒜瓣剥皮去芽后剁碎。香芹洗净去梗后剁成1汤匙量的香芹碎。罗勒叶洗净后去梗。

将波萝伏洛奶酪切成薄片，帕尔马奶酪和羊乳干酪磨成碎状。将肉、硬面包、帕尔马奶酪、羊乳橄榄、2个生鸡蛋、香芹、蒜末、盐和黑胡椒混合一起，搅拌均匀。

将制作好的肉酱倒在铝箔纸上，在肉酱上放上火腿片，几片罗勒叶，波萝伏洛奶酪片和2个完整的熟鸡蛋。

烤箱预热，温度调至200℃（调节器6/7挡）。在烤箱的烤盘底部刷上一层油。借助铝箔纸将食材卷成肉卷。拿掉铝箔纸。将肉卷放置托盘上。放入烤箱烘烤约15分钟，注意需不时翻动肉卷以保证其受热均匀。将烤箱温度调低至180℃（调节器6挡），继续烹饪约30分钟。

制作番茄调味汁

在等待肉卷烹饪的过程中，将番茄放入食品搅拌机中搅碎。在平底锅中倒入橄榄油，放入蒜末翻炒。随后倒入番茄碎与蒜末一起翻炒，炒至较为浓稠时倒入番茄浓汁。放入盐和胡椒，继续翻炒15分钟。放入罗勒叶后关火。将肉卷切成片状，与制作好的番茄调味汁一起搭配食用。

●建议配菜/配酒

马斯特巴迪洛酒庄，拉迪奇图拉斯红葡萄酒（法定产区优质葡萄酒）

●主厨建议

食用前您可以将肉卷放入番茄调味汁中烹饪10分钟。

🥄 技巧复习
去皮番茄 >> 第42页

肉卷

4个鸡蛋
200克硬面包
400毫升牛奶
2瓣蒜
1小段香芹
几片新鲜罗勒叶
100克波萝伏洛奶酪（一种质地柔软的奶牛奶酪）
50克帕尔马奶酪碎
50克羊乳干酪碎
400克碎肉牛排
100克切成薄片的熟火腿
肉豆蔻
橄榄油
盐、胡椒

番茄调味汁

400克去皮番茄
1瓣蒜
2汤匙橄榄油
1汤匙番茄浓汁
几片罗勒叶
盐、胡椒

配料

250毫升醋
1.5～2千克的兔肉块
（购买时让店家将兔肉切成小块）
2汤匙橄榄油
1头蒜
250毫升白葡萄酒
几段香芹
几段牛至
几段百里香
400克去皮番茄或700克新鲜的熟番茄
小鸟辣椒（根据个人口味）
250毫升原汤（详见第93～94页）
盐

伊斯基亚焖兔肉 ★ ★
Coniglio all'ischitana

4人份

准备时间：20分钟
浸泡时间：30分钟
烹饪时间：1小时15分钟

在2升水中倒入醋。将兔肉块放入水中浸泡约30分钟。把兔肉块从水中捞出后将水分沥干。

在平底锅中倒入橄榄油和剥过皮的蒜，将兔肉块下入锅中炸至金黄色。倒入葡萄酒后烹煮15分钟。

在等待的过程中香芹洗净去梗后剁碎菜叶部分。将番茄去皮（将番茄放入沸水中烫几秒后再放入冷水中）。

将番茄、香芹叶、辣椒和盐倒入锅中与兔肉块一起翻炒。继续烹饪约45分钟，视情况加入一些原汤。

将酱汁浇在兔肉块上，可与甜蒜一起搭配食用。

● 建议配菜/配酒

田纳维加里奥酒庄，康派尼艾格尼科葡萄酒（优良产区餐饮葡萄酒）

● 主厨建议

为保证兔肉块均能均匀上色，一次最多炸2～3块兔肉。根据伊斯基亚大区的传统，兔肉一般与炸薯条搭配食用。剩余酱汁可搭配意大利面食用。

❦ 技巧复习
去皮番茄 >> 第42页

卢恰尼章鱼 ★ ★
Polpi alla luciana

卢恰尼人居住在那不勒斯地区，《桑塔·露琪亚》(Santa Lucia）是一支那不勒斯船歌（那不勒斯人捕鱼时唱的歌）。

4人份

准备时间：30分钟
烹饪时间：1小时30分钟

将蒜瓣剥皮去芽后剁碎。香芹洗净去梗后剁成1汤匙量香芹碎。

将章鱼仔细处理净（详见第126页）。在平底锅中倒入橄榄油，放入章鱼、辣椒、牛至、蒜瓣和香芹碎一起翻炒。然后在食材上面放入一层铝箔纸并用锅盖盖住。锅盖盖紧，烹饪30分钟。

在此过程中将番茄去皮（将番茄放入沸水中烫几秒后再将其放入冷水中）。

在平底锅中加入刺山柑花蕾、油橄榄和去皮番茄，继续烹饪约1小时。

● 建议配菜/配酒

马斯特巴迪洛酒庄，拉迪奇阿维利诺菲亚诺葡萄酒（法定产区优质葡萄酒）

● 主厨建议

本菜可与新鲜面包或烤面包片一起搭配食用。您也可以选择将本菜与意面一起烹饪。

技巧复习
清洗章鱼 >> 第126页
去皮番茄 >> 第42页

配料

2瓣蒜
1小段香芹
1.2千克小章鱼
橄榄油
小鸟辣椒（根据个人喜好）
半咖啡匙牛至
400克去皮番茄或700克新鲜的熟番茄
30克小刺山柑花蕾（最好生长在潘泰莱里亚地区）
50克黑橄榄（最好生长在加埃塔地区）
盐

配料

12只明虾
1根胡萝卜
1个洋葱
几段香芹
橄榄油
250毫升白葡萄酒
盐
小鸟辣椒（根据个人喜好）或胡椒

维苏威亚纳明虾 ★
Gamberi alla vesuviana

4人份

准备时间：15分钟
烹饪时间：20分钟

将明虾放入冷水中浸泡。从水中捞出后用纸巾擦干其表面的水。
胡萝卜洗净后削皮，洋葱剥皮后切碎。香芹洗净去梗后剁碎。

在平底锅中倒入橄榄油，放入胡萝卜，洋葱和小鸟辣椒（或胡椒）一起翻炒。
倒入明虾炒制，使其上色。
撒上香芹碎和盐，然后倒入白葡萄酒。

继续烹饪5～8分钟（视明虾大小），即可食用。

●建议配菜/配酒
格罗塔索洛酒庄，拉克里马克里斯蒂维苏威白葡萄酒（法定产区葡萄酒）

●主厨建议
放入香芹碎的同时可放入几颗糖渍番茄（详见第46页）。这道菜也可搭配意面一起食用。

技巧复习
糖渍番茄 >> 第46页

意式千层茄子 ★
Parmigiana di melanzane

配料

1.5千克茄子
炸制用油
800克去皮番茄或1.5千克新鲜熟番茄
3块马苏里拉奶酪，每块125克
150克帕尔马奶酪
1个洋葱
几片鼠尾草
粗盐
盐

6人份

准备时间：1小时
发酵时间：1小时
烹饪时间：45分钟

将茄子切成约5毫米厚的薄片，将其放入盆中并撒上一些粗盐。放置约1小时（如果茄子足够新鲜的话该步骤可以省略）。将茄子从盆中盛出并用纸巾擦干表面的水。将茄子下入平底锅中油炸，然后将其放在吸油纸上。

将番茄去皮（将番茄放入沸水中烫几秒后再将其放入冷水中）。制作那不勒斯式番茄酱（详见第51页）。

烤箱预热至180℃（调节器6挡），烤盘底部抹上油后放入烤箱。

将马苏里拉奶酪切成薄片状。帕尔马奶酪磨碎。

在空盘底部均匀倒上1汤匙番茄汁，然后放入一层茄子片和几片马苏里拉奶酪，撒上一些帕尔马奶酪碎和罗勒碎。最后倒上番茄汁和奶酪。

放入烤箱中烹饪约45分钟。既可作为热菜，也可作为凉菜食用。

●建议配菜/配酒

马斯特巴迪洛酒庄，康派尼拉奎马葡萄酒（优良地区餐饮葡萄酒）

●主厨建议

您同样可以选择制作意式焗烤千层茄子，即将茄子放在火上烤。您也可以根据初始菜单改变茄子的做法：如给茄子裹上面包粉后再放入锅中油炸。您同样可以用西葫芦代替茄子。

●烹饪须知

请勿将本菜与另外一道意式茄子的做法混淆，它的做法完全不同，它是艾米利亚-罗马涅大区的一道代表菜。

技巧复习

那不勒斯式番茄酱 >> 第51页
去皮番茄 >> 第42页

配料

挞皮

150克黄油
300克T45面粉
150克糖
3个鸡蛋（1个整鸡蛋，2个蛋黄）
盐

蛋糕

300克小麦粉（生或熟均可）
200毫升牛奶
40克黄油
1小撮肉桂粉
1根香草荚
200克糖
1个柠檬
100克糖渍水果（橙皮，枸橼皮和南瓜皮）
5个鸡蛋
400克乳清干酪（最好是母羊奶酪）
1汤匙橙花水
糖粉

用具

1个直径24厘米的挞模
1把锯齿状切面刀

●烹饪须知

通常可以去买一些罐装的熟小麦，在一些意大利食品杂货店中可以找到专门用来制作本菜的熟小麦（外包装上会有这道菜的照片）。

小麦蛋糕 ★ ★ ★
Pastiera pasquale

这是一道复活节时会做的甜点，其做法根据地区和传统的不同略有变化。

8人份

准备时间：1小时
浸泡时间：1晚
发酵时间：20分钟
烹饪时间：1小时30分钟

提前准备

如果小麦还没熟，将其浸泡在水中1晚。将小麦沥干水后放入盛有水的锅中，小火烹饪45分钟后从水中将其捞出。

制作挞皮

将黄油从冰箱中取出，放置于室温下，并将其切成小块。
在黄油上撒上一些盐和面粉。往其中放入1个鸡蛋和2个蛋黄后，迅速将其揉成表面均匀光滑的面团。将面团包上保鲜膜后放入冰箱中发酵20分钟。

制作蛋糕

于此过程中，在平底锅中放入熟小麦、牛奶、黄油、肉桂粉、切成两段相等长度的香草荚和糖。翻炒10分钟后待其冷却。

将柠檬去皮洗净后切碎。将糖渍水果切成小块。将蛋黄与蛋清分离，将蛋清打成泡沫状。将乳清干酪、蛋黄、柠檬碎、橙花水、糖渍水果块和打发的蛋白搅拌均匀。随后倒入熟小麦。

烤箱预热，温度设置成180℃（调节器6挡）。

在挞模内部抹一些黄油，并在模具底部放一层铝箔纸，铝箔纸上放上3/4的挞皮。将剩余面团置于案板上，用锯齿状的刀将面团切成宽1厘米的面条。将面条放在蛋糕上摆成网格状。
用烤箱将其烘烤约1小时，直至蛋糕变成好看的琥珀色，然后将其放置冷却（理想时间是1天）。食用前撒一些糖粉。

●建议配菜/配酒

玛蒂尔德酒庄，俄勒斯巴萨托葡萄酒（优良产区餐饮葡萄酒）

●主厨建议

索伦托地区的做法是在制作蛋糕时加入一些奶油。这道甜点同样可以用熟米（贝内文托地区做法）、熟大麦或其他谷物代替熟小麦。

朗姆巴巴蛋糕 ★ ★ ★
Babà

朗姆巴巴蛋糕诞生于18世纪的洛林地区，其名称来源于《一千零一夜》中的人物阿里巴巴。此后这道甜点就成了那不勒斯地区的传统美食。此外，"巴巴"这一词也演变成"美好"的近义词。

制作12个蛋糕

准备时间：30分钟
发酵时间：2小时30分钟
烹饪时间：30分钟

制作蛋糕

将黄油从冰箱中拿出放置在室温下，用抹刀将其变成较为浓稠的膏体状。将柠檬和橙子洗净后去皮，柠檬皮和橙子皮留下备用。碗中盛入牛奶，将发酵粉放入牛奶中溶解，倒入50克面粉后搅拌均匀。用布将碗盖上，发酵1小时。将鸡蛋打散，加入适量糖。放入黄油、柠檬皮和盐。在生菜盆中倒入剩余面粉并在中间挖出一个洞，倒入先前加工好的全部食材。不停搅拌直至变成均匀有弹性的面糊状。

在12个蛋糕模具内抹上黄油和面粉（模具盛小型圆锥状）。倒入面糊，面糊高度不超过模具高度的一半。等待面糊发酵直至其体积增加1倍（约1小时30分钟）。

在等待过程中，将烤箱预热，温度设置成180℃（调节器6挡）。

当面发酵好后，将蛋糕模具放入烤箱中烘烤约20分钟，用木签戳蛋糕表面测试其水分是否全部挥发。随后将蛋糕从模具中取出，继续用布将蛋糕盖住。

制作糖浆

锅中将水煮开，放入糖、柠檬皮和橙子皮后继续煮5分钟。随后倒入50毫升朗姆酒。迅速将蛋糕放入锅中蘸取朗姆糖浆，然后放置烤架上冷却。

制作杏子冻

向杏子果酱中倒入3汤匙水并将其加热。用刷子将杏子果酱涂抹在蛋糕表面。为食客准备好甜味的打发奶油和朗姆酒，与蛋糕搭配食用。

● 主厨建议

如果您已提前制作好蛋糕，请将其放入冰箱中冷藏，食用时再挤上打发奶油。
制作时，您可以用柠檬酒代替朗姆酒（这是该地区非常具有代表性的一种柠檬酒）。

配料

黄油和面粉（使蛋糕固定形状）
5汤匙杏子果酱
足量甜味的打发奶油
足量的朗姆酒

蛋糕

50克黄油
25克面包酵母
2汤匙牛奶
300克T45面粉
5个鸡蛋
25克糖
1个柠檬的柠檬皮
1小撮盐

糖浆

50毫升朗姆酒
500毫升水
200克糖
1个柠檬的柠檬皮
1个橙子的橙子皮

用具

12个直径5厘米的蛋糕模具
1个烤架
1把刷子

卡拉布里亚大区

加埃塔诺·阿利亚
Gaetano Alia

推荐食谱

　　卡拉布里亚大区有着多种当地的特色产品：莫尔曼诺省的四季豆和扁豆，比萨卡拉布罗的乌鱼子和金枪鱼，种植在圣乔瓦尼镇和焦约萨约尼卡中间地带的香柠檬，科森扎的雪松，特罗佩亚的红洋葱等。通过对这些食材的巧妙运用，做出来的菜不仅芳香四溢，其色泽也明亮诱人。

　　当然，不尊重季节更替规律的话是无法烹饪出好菜的。我的烹饪灵感均来源于我生活的这片土地和它的历史。我尝试着通过一种更为便捷的方式，使我做出的菜口感更加轻盈。

　　烹饪是几千年以来前人经验的结晶。在卡拉布里亚大区，希腊人、阿拉伯人、阿尔巴尼亚人等都留下了专属于他们的美食烙印。我们需要做的，是将这些历史记忆融会贯通，使传统菜肴更加适应现代人的口味。而在我看来，和其他传统菜系的经验交流至关重要。

青橄榄鳕鱼意面
Tripoline avec morue et olives vertes écrasées

在容量够大的平底锅中倒入油，放入洋葱和切成小块的青椒和红椒一起翻炒。随后放入鳕鱼。烹饪几分钟。

倒入樱桃番茄后继续烹饪10分钟。当番茄汁煮好后，放入橄榄和辣椒。继续烹饪酱汁，随后撒上罗勒叶和薄荷。

在锅中盛入足量盐水，水开后下入面条。将面条煮熟捞出，倒入盛有酱汁的锅中。迅速将面条和酱汁翻炒均匀，撒上面包屑后继续翻炒几分钟。注意不要炒糊。烹饪完成后即可食用。

配料

400克波浪形面条（面条的一种）
70克初榨橄榄油
1个卡斯特罗维拉里洋葱或者特罗佩亚红洋葱
1个小青椒
1个小红柿子椒
400克鳕鱼，在水中浸泡后切成小块
400克樱桃番茄，去皮后切成小块
70克青橄榄碎或者去核的盐渍黑橄榄
1个辣椒（非必需食材）
几片罗勒叶和薄荷
50克油炸调味面包屑（含有香芹、罗勒叶、薄荷、新鲜牛至、百里香、野茴香、小葱和柠檬马鞭草）

盐

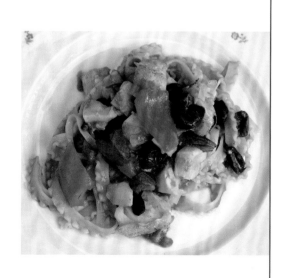

配料

250毫升橄榄油
很辣的干辣椒（根据个人喜好）

辣椒油 ★
Olio santo

意大利南部辣椒油又被称为"圣油"，将辣椒泡在油中的过程又被称"成圣"。

250毫升油

准备时间：5分钟
浸泡时间：至少3周

将辣椒去梗。将其放入玻璃容器、广口瓶或者细口瓶中。往瓶中倒入橄榄油后置于阴凉通风中，浸泡至少3周。

●主厨建议

烹饪面包、意面、比萨、酱汁等时可用辣椒油提味。

●烹饪须知

如果您想缩短浸泡时间，可将辣椒剁碎。

配料

1根茄子
新鲜的辣椒（根据个人喜好）
1个黄柿子椒，1个红柿子椒
2个绿色番茄
50克巴黎蘑菇
1瓣蒜
1段香芹
250毫升橄榄油
粗盐
盐

●主厨建议

本菜可搭配面包片、面条或者肉和鱼一起食用。

●烹饪须知

如果您想缩短制作时间，您可以用菜籽油代替（茄子、朝鲜蓟、番茄干、蘑菇等），将其与适量小鸟辣椒混合即可。

辣椒末 ★ ★
Piccantino

这种调味品在卡拉布里亚地区的食品杂货店很常见，其又被称之为"炸弹辣椒"。

1个容量为250克的广口瓶

准备时间：5分钟
腌制时间：1小时
浸泡时间：4周

将茄子洗净后切成0.5厘米厚的薄片。将其置于漏盆中撒上粗盐，腌至少1小时。将盐分用水冲掉后放在纸巾上吸干多余水分。
将辣椒剁碎。

将蔬菜处理洗净后削皮，蒜瓣去芽。将蔬菜切成小块，做成蔬菜什锦（每块0.5厘米大小）。搅拌均匀后撒上大量盐和辣椒末。

将蔬菜什锦倒入玻璃制的广口瓶中。用重物将瓶口压紧后将其置于阴凉通风处放置3周，小心过滤出瓶内形成的水（每周倒一次即可，倒水时不要将重物拿开）。

3周后将重物拿开，过滤出多余水后倒入橄榄油。继续浸泡1周。

菊苣夹心馅饼 ★ ★
Pitta di scarola

在卡拉布里亚大区，比萨被称为 "Pitta"。与那不勒斯地区的比萨不同，这道菜里面可以放多种馅料。

8人份

准备时间：15分钟
烹饪时间：30分钟

参照比萨面团的方法制作面团。（详见第31页），发酵4 ～ 8小时。

在发酵过程中将葡萄干放入水中浸泡，然后从水中捞出，沥干水分。视个人口味将刺山柑花蕾放入水中浸泡。将蒜瓣剥皮去芽后拍碎。将辣椒剁碎。将波萝伏洛奶酪磨碎。菊苣洗净。

在平底锅中盛入水。水煮沸后放入菊苣煮7分钟。将菊苣从锅中捞出，水分沥干后大致切几刀。

在平底锅中倒入1汤匙橄榄油，放入菊苣、蒜末、辣椒碎和盐一起翻炒。放入鳀鱼、油橄榄、刺山柑花蕾、葡萄干、牛至和波萝伏洛奶酪碎。

烤箱预热，温度调至200℃（调节器6/7挡）。

在比萨面团发酵好后切成两块。将其压成直径相同（约40厘米）的两块面饼。馅饼模具内部抹上一些油。将其中一块比萨饼放入模具底部，覆盖住模具底部和边缘。倒入菊苣后盖上第二层比萨饼。

用手指将面团压紧。用叉子在面饼表面戳几个小洞。

将馅饼放入烤箱中烘烤30分钟。稍微晾凉一些后即可食用。

● **建议配菜/配酒**

黎伯兰迪酒庄，卡拉布里亚拉贝拉比安科葡萄酒（优良产区餐饮葡萄酒）

技巧复习
比萨面团 >> 第31页

配料

1块用于制作比萨饼的面团
1汤匙葡萄干
1汤匙盐渍刺山柑花蕾
2瓣蒜
1个小鸟辣椒
150克波萝伏洛奶酪
（一种质地柔软的牛奶奶酪）
800克菊苣
30克油浸鳀鱼
50克去核油橄榄
1咖啡匙牛至
橄榄油
盐

用具

1个直径26厘米的高口馅饼模具

配料

通心面

400克硬质粗小麦粉
2个鸡蛋
120～150毫升温水
盐

肉酱

1瓣蒜
2个洋葱
几段香芹
几片罗勒叶
1根芹菜
小鸟辣椒（视个人喜好）
60克待擦碎的乳清干酪
400克去皮番茄或者700克新鲜的成熟番茄
500克猪肉（猪脊骨肉）
1汤匙橄榄油
100克肉肠
3个丁香
1咖啡匙茴香籽
120毫升红葡萄酒
1汤匙番茄浓汁
1片月桂叶
盐

用具

1根编织针

肉酱通心面 ★ ★ ★
Maccheroni al ferretto con ragù di maiale

在卡拉布里亚大区，这道菜存在着多种不同的做法。最为流行的是使用通心面作为本菜的主要食材；而不同地区的人们会选用不同种类的面，如意大利渔夫面、螺旋面或者传统意大利面。

4人份

准备时间：1小时
发酵时间：30分钟
烹饪时间：1小时30分钟

制作通心面

在案板上或生菜盆中倒入部分面粉，中间挖出一个小洞。打入鸡蛋，倒入盐和温水后仔细搅拌均匀。缓慢倒入剩余面粉，用手或者叉子搅拌均匀，注意不要让面粉溅出。

搅拌均匀后用手和面，尽可能将面团压紧。和好的面团表面应光滑均匀（需要10～15分钟）。用保鲜膜包好后发酵30分钟。

待面团发酵好后，用掌心将其擀成直径小于1厘米的圆柱形面团，用刀切成每段6～8厘米长的小面条。将编织针放在小面条上，用手来回滚针，直至变成长长的面条。将针拿开。此时的面条应呈带有小孔的长圆形。将做好的面条放在干燥的毛巾上。重复上述步骤。

制作肉酱

蒜瓣剥皮去芽后剁碎，洋葱剥皮后切成薄片，香芹洗净去梗后切碎，罗勒叶和芹菜洗净后切碎。将辣椒剁碎，乳清干酪擦碎。视个人口味将番茄去皮（将番茄放入沸水中烫几秒后再将其放入冷水中）。将肉切成肉丁。在平底锅中倒入1汤匙橄榄油，将肉丁、肉肠、丁香和茴香籽下入锅中翻炒。放入洋葱薄片，芹菜末，蒜末和香芹碎后继续翻炒。浇上红葡萄酒。放入去皮番茄、番茄浓汁、罗勒叶、月桂叶和辣椒末。撒上适量盐后小火烹饪约1小时。

锅中将水煮开，面条下入锅中煮3～4分钟，面条盛出后浇上刚刚做好的酱汁。撒一些乳清干酪碎后即可食用。

●建议配菜/配酒

欧道迪酒庄，卡拉布里亚特拉达米娅葡萄酒（优良产区餐饮葡萄酒）

配料

150克波萝伏洛奶酪（一种质地柔软的奶牛奶酪）
100克帕尔马奶酪
2根茄子
食用油
500克笔管面
番茄肉糜调味酱（详见第52页）
100克煮过的小豌豆
橄榄油
粗盐
盐，胡椒

用具

1个高口馅饼模具

焗通心面 ★
Rigatoni al forno

这是一道在意大利广为流传的菜。这道菜有助于身体健康，并可以提前制作。不仅可单独成菜，也可以搭配先前剩余的意面和烩菜等。

4人份

准备时间：1小时
浸泡时间：1小时
烹饪时间：30分钟

将波萝伏洛奶酪切成小块，帕尔马奶酪擦碎。

将茄子切成约0.5厘米厚的薄片后放入滤锅中，撒上粗盐后腌1小时去除水分。

在锅中倒入食用油。将茄子从滤锅中盛出并用纸巾将表面水分擦干。油温升高后将茄子片放入油锅中，炸好后捞出放置吸油纸上吸收多余油脂。

将笔管面下入油锅中炸（烹饪时间可参考外包装说明）。炸好后将笔管面从油锅中捞出，倒上2/3的番茄肉糜调味酱，放上小豌豆，一半茄子片和波萝伏洛奶酪块。

在馅饼模具中抹上一层油。烤箱预热，温度调至170℃（调节器5/6挡）。

将做好的笔管面倒入模具中，并在其上覆盖一层剩余的茄子片和番茄肉糜调味酱。撒一些帕尔马奶酪碎。烤箱烘烤30分钟。

●建议配菜/配酒

坎廷伦托酒庄，拉默齐亚德拉蒙罗索葡萄酒（法定产区葡萄酒）

●主厨建议

您可以用制作肉酱通心面（详见第379页）的酱汁代替番茄肉糜调味酱，或者在给面条调味时向番茄肉糜调味酱中加一些奶油调味酱。

●烹饪须知

如果茄子足够新鲜，可省去放入滤锅这一步骤。

技巧复习

番茄肉糜调味酱 >> 第52页

卡拉布里亚羊肉 ★
Agnello alla calabrese

卡拉布里亚大区饲养的绵羊众多，因此羔羊肉常见于该地区的烹饪菜肴中。

6人份

准备时间：15分钟
烹饪时间：10分钟

根据个人喜好，将刺山柑花蕾和鳀鱼放入清水中充分浸泡。

将刺山柑花蕾、鳀鱼、朝鲜蓟、蘑菇和牛至切碎并混合在一起，搅拌均匀后作为调味酱汁放在一旁备用。

将肉切成小块，辣椒剁碎。在肉上撒一些盐和辣椒调味。

将油锅温度设置成180℃。在案板上抹一些面粉。

将肉块裹上面粉后放入油锅中炸10分钟。

随后从锅中捞出炸肉块并放在吸油纸上吸收多余油脂。
烹饪完成后请搭配调味汁立即食用。

● **建议配菜/配酒**
黎伯兰迪酒庄，格纳威罗干红葡萄酒（优良产区餐饮葡萄酒）

技巧复习
盐渍鳀鱼 >> 第26页
油浸朝鲜蓟 >> 第23页

配料
50克盐渍（或醋渍）刺山柑花蕾
30克盐渍（或油浸）鳀鱼
4个油浸朝鲜蓟
60克油浸蘑菇
几片牛至
1千克羔羊肉（羊后腿或羊肩肉）
小鸟辣椒（根据个人口味）
盐
炸制用油
面粉

配料

几段香芹
1个柠檬
100毫升橄榄油
1小撮牛至
4条箭鱼（400～500克）
1汤匙盐渍（或醋渍）刺山柑花蕾
1瓣蒜
盐，胡椒

烤箭鱼 ★
Spada in salmoriglio

箭鱼是卡拉布里亚地区的常见食材。几个世纪以来，每年的5～9月，人们都会拿着鱼叉前往墨西拿海峡（位于卡拉布里亚地区和西西里岛之间）打捞箭鱼。

4人份

准备时间：20分钟
腌制时间：1小时
烹饪时间：6分钟

制作箭鱼

将香芹洗净去梗后切碎。将柠檬压榨成汁。橄榄油中倒入柠檬汁、香芹、牛至、盐和胡椒后搅拌均匀。

将箭鱼放入调料中腌制，并将其置于冰箱中冷藏1小时。

准备烤架或烧烤炉。视个人口味，将刺山柑花蕾放入清水中充分浸泡。将蒜瓣剥皮去芽后剁碎。

将箭鱼腌好后放入烤架或烧烤炉上（每面最多烤3分钟），烧烤过程中不时浇一些酱汁。

将剩余酱汁倒入平底锅，放入刺山柑花蕾和蒜末翻炒，等待几分钟直至其收汁。

食用时在箭鱼上浇上刚才做好的酱汁，并撒一些新鲜的香芹碎。

●建议配菜/配酒

斯塔迪酒庄，卡拉布里亚曼托尼可葡萄酒（优良产区餐饮葡萄酒）

特罗佩亚红洋葱，茄子和土豆 ★
Cipolle di Tropea, melanzane e patate

特罗佩亚洋葱（受地理保护）由腓尼基人引进，现种植于卡拉布里亚大区。之前的做法是将本菜塞进面包中，一般作为农民们的午饭。

4人份

准备时间：45分钟
发酵时间：1小时
烹饪时间：35分钟

将洋葱剥皮后切片，蒜瓣剥皮去芽后剁碎，香芹洗净去梗后切碎。将辣椒剁碎，土豆削皮后切成小块。将番茄去皮（将番茄放入沸水中烫几秒后再将其放入冷水中），然后切成小块。甜椒处理洗净后切丝。茄子洗净后切丁。

将茄丁和甜椒丝放入漏盆中，撒上粗盐腌1小时，然后将其盛出。

在腌制期间，将土豆丁放入开水煮制，但是不要煮得过熟，煮好后盛出放在一旁备用。

在平底锅中倒入橄榄油，放入洋葱片翻炒。然后放入蒜末和番茄块。翻炒5分钟后放入其他蔬菜（除土豆），继续烹饪20分钟。

最后将土豆丁下入锅中，与其他蔬菜翻炒均匀后撒盐。倒入罗勒叶、牛至、香芹碎和甜椒丝，继续翻炒10分钟。

●建议配菜/配酒

黎伯兰迪酒庄，卡拉布里亚奇洛罗萨托葡萄酒（法定产区葡萄酒）

配料

2个特罗佩亚红色甜洋葱（受地理保护）
2瓣蒜
几段香芹
小鸟辣椒（视个人喜好）
4个土豆
2个熟番茄
4个甜椒
3根茄子
几片罗勒叶
1小撮牛至
粗盐
橄榄油
盐

制作12份

准备时间：1小时
腌制时间：15分钟
发酵时间：30分钟
烹饪时间：30分钟

配料
面饼

150克猪油
500克T45面粉
150克糖
3个鸡蛋
1小袋发酵粉（约11克）
1小撮盐
1个蛋清

芳香葡萄酒

1升未发酵的葡萄汁或1升高级红葡萄酒
300克蜂蜜
橙子皮或柠檬皮
2个丁香
1根肉桂

果馅

120克葡萄干
120毫升朗姆酒
3个橙子
100克苦巧克力
150克无花果干
300克去壳杏仁和青核桃
1小撮丁香粉
1小撮肉桂粉
250毫升芳香葡萄酒
（或250克野樱桃果酱或橙子果酱）

糖面

1个蛋清
125克糖粉
1个柠檬

糖面无花果坚果馅饼 ★ ★ ★
Nepitelle con la glassa bianca

这是一道卡拉布里亚大区的经典甜点。这份甜点的名称源自拉丁文"nepitedum"，意为眼皮。复活节时人们常常会做这道甜点。

提前准备

将猪油从冰箱中拿出置于室温下。向葡萄干中倒入朗姆酒使其软化。柠檬榨汁。柠檬皮和橙子皮擦成碎末。将巧克力磨碎，无花果干放入水中浸泡（约15分钟），从水中捞出后置于纸巾上吸收多余水分。将无花果、杏仁和核桃仁切碎。

制作芳香葡萄酒

向锅中倒入葡萄汁或红葡萄酒，蜂蜜，橙子皮或柠檬皮，丁香和肉桂。中火收汁，收汁后倒出备用。

制作面团

在案板上倒入面粉和糖，中间挖一个洞，倒入猪油、鸡蛋和发酵粉。搅拌均匀后揉成表面均匀光滑的面团，然后将其放入空盘中。盖上盖子后放入冰箱中发酵（约30分钟）。

制作果馅

将无花果碎、杏仁碎、核桃碎和葡萄干、调味粉、熟葡萄酒、橙子皮和巧克力碎搅拌均匀后即做成果馅，留作备用。

制作卷边果酱饼

烤箱预热，温度设置成180℃（调节器6挡）。用擀面杖将面团擀成约0.5厘米厚的面皮。用玻璃杯或打洞钳将其压出直径10厘米的圆形面皮。在面皮周围抹一些蛋清，中间放上1汤匙果馅。将面皮对折然后挤压边缘使其黏合。将饼放在铝箔纸上，放入烤箱中烹饪30分钟。从烤箱中取出后将其置于烤架上待其冷却。

制作糖面

使用抹刀将蛋清与糖粉混合均匀。混合后应有一定厚度，最后倒上柠檬汁。

最后一步

在馅饼上撒上糖面，等其变硬。

●建议配菜/配酒

黎伯兰迪酒庄，勒帕苏乐甜白葡萄酒（优良产区餐饮葡萄酒）

普利亚大区、巴西利卡塔大区

特蕾莎·布翁焦尔诺
Teresa Buongiorno
推荐食谱

我做的菜总能引起我对童年的回忆和情感。我喜欢依照传统的方法烹饪意面，也就是说只用粗小面粉，水和盐来和面。蔬菜在吉雅·索托·拉和戈（Già sotto l'Arco）餐厅里占有极其重要的地位，因为在普利亚大区，农业占据主导地位。该地区提炼出的特级橄榄油举世闻名。

我烹饪出的菜肴口感新鲜轻盈，做法简单，取材也全都来源于这片土壤。在尊重原材料本身味道的基础上，我也会跟随着食客口味的变化不断做出调整。一道菜首先是用眼睛来品鉴，因此，我十分重视摆盘这一环节。我始终坚持食物应呈现出富有生命力的明亮色泽。此外，为了使最终呈现给食客的美食口感分明，清新脱俗，食材的香味和烹饪的技巧也应有机结合在一起。

结婚后我成为厨师。我从来没有学习过任何与此相关的知识，但我依旧选择接受这项挑战。而通过循序渐进的实践和探索，我找到了一条适合我自己的道路，也许我走得并不快，但在我前进的过程中，我收获了无数的好评和鼓励，这也是我的餐厅能够成为米其林星级餐厅的原因。

鹰嘴豆面条（萨兰托地区的传统菜肴）
Petites tagliatelle et pois chiches

鹰嘴豆

在大的容器中装满水，撒上1小撮盐后将鹰嘴豆放入浸泡1整晚。鹰嘴豆水分沥干后将其放入1升水中煮约2小时。1小时后，放入蒜瓣、洋葱薄片、切成两半的番茄和月桂叶，用文火炖。

面条

煲汤的同时，向面粉中倒入半杯水和1撮盐后开始和面，直至面团富有弹性。将面团擀平，切成5～6厘米长的面条。将盐水煮开后下入面条，面条煮熟后从锅中捞出，放入鹰嘴豆搅拌均匀。搅拌后的面条呈黏稠状。

最后一道工序

用漏勺盛出部分面条和鹰嘴豆，水完全沥干后下将其入锅中油炸。炸至松脆时浇上1勺鹰嘴豆汁。撒上盐和胡椒粒。最后滴入少许橄榄油后即烹饪完成。

4人份

准备时间：40分钟
浸泡时间：1晚
烹饪时间：2小时20分钟

配料

300克干燥鹰嘴豆
1瓣蒜
1个洋葱
3个樱桃番茄
2片月桂叶
250克硬质粗小麦面粉
油炸用初榨橄榄油
盐，黑胡椒粒

塔拉利饼干 ★ ★
Taralli

塔拉利饼干可作为前菜或开胃菜。起初，塔拉利饼干是由面包制作而成。后来随时间发展，食材中逐渐加入橄榄油，葡萄酒和其他香料，如茴香籽、辣椒、胡椒和橄榄等。

制作约30片塔拉利饼干

准备时间：20分钟
面团发酵时间：30分钟
烹饪时间：约30分钟

在面粉中放入其他食材后将其揉成面团。发酵30分钟。

用手将面团揉成直径1厘米的蛇形形状。再切成小段，每段6～7厘米长。切成段的面揉成圈状并且将面的两端粘在一起。
烤箱预热，温度设置为220℃（调节器7/8挡）。在托盘上撒上面粉。

将水煮开。将面圈放入开水中煮1分钟，然后将面圈捞出放在毛巾上，将水沥干，随后将其放在撒有面粉的托盘上，放入烤箱中烤至金黄色。

●建议配菜/配酒

罗萨德尔戈尔夫酒庄，萨伦托普里米蒂沃葡萄酒（优良产区餐饮葡萄酒）

●主厨建议

您可用胡椒粒、小鸟辣椒碎和去核橄榄碎代替茴香籽。

配料

200克T55面粉
50毫升水
50毫升橄榄油
1汤匙茴香籽
50毫升白葡萄酒
盐

配料

100克硬面包（最好是硬小麦面包）
1瓣蒜
几段香芹
70克马背奶酪或波萝伏洛干酪
500克熟番茄
1千克贻贝
2汤匙橄榄油
盐，胡椒

肉馅焗贻贝 ★
Cozze ripiene alla metapontina

这道菜汇集了鱼和奶酪，这种做法在意大利菜系中较为罕见。本菜是卢卡纳地区的代表菜，卢卡纳也就是如今的巴西利卡塔地区。

4人份

准备时间：1小时
烹饪时间：15分钟

将硬面包放在水中浸泡，压软后切碎。将蒜瓣剥皮去芽后剁碎。香芹洗净去梗后切碎。将奶酪擦碎，番茄去皮（将番茄放入沸水中烫几秒后再放入冷水中，或使用去皮器）后切成小块。

处理贻贝

擦拭贝壳表面，将足须拔掉后将贻贝洗净。将贝壳打开，用刀尖在贻贝贝壳中间的夹缝处划圈。当刀尖碰及贻贝肉时，略微弯曲刀背切开贝壳。

烤箱预热，温度设置成200℃（调节器6/7挡），在烤箱烤盘上抹油。

在托盘上放上含有牡蛎肉的贝壳，扔掉空贝壳。

在平底锅中倒入橄榄油，放入番茄块和蒜末一起翻炒。加入面包碎后翻炒均匀。
关火后撒上奶酪碎、香芹碎、盐和胡椒。

把贻贝抹上调味料，放入烤箱中烹饪15分钟。可当热菜食用。

●建议配菜/配酒

帕特诺斯特酒庄，巴西利卡塔白科特干白葡萄酒（优良产区餐饮葡萄酒）

●主厨建议

另一个更为快速简单的做法是在生菜盆中放入面包碎、帕尔马奶酪碎、香芹碎、蒜末、辣椒和橄榄油、然后搅拌均匀。

●烹饪须知

夏季的贻贝口感最佳。建议购买打捞3天内的新鲜贻贝，不要选择贝壳有缺口或者触碰贝壳时贝壳无法合上的贻贝。

肉丸意面 ★
Pasta con le polpettine

这道菜在意大利全境广为流传。而在其发源地普利亚大区则是一道常见的日常菜。

4人份

准备时间：15分钟
烹饪时间：40分钟
煮面时间：参照生产厂家建议

将洋葱剥皮后切碎，蒜瓣剥皮去芽后切碎，香芹和罗勒叶洗净除叶后切碎。番茄去皮（将番茄放入沸水中烫几秒后再放入冷水中，或使用去皮器）。将软面包弄碎成面包屑。帕尔马奶酪和羊乳干酪磨碎。碗中放入肉、面包屑、帕尔马奶酪碎和鸡蛋后搅拌均匀。加入香芹碎，罗勒叶碎和蒜末后撒上盐和胡椒。

将肉丸团成榛子大小。平底锅中倒入橄榄油，放入肉丸和洋葱碎一起翻炒。撒上面粉后浇一些白葡萄酒。

加入去皮番茄，继续烹饪40分钟，烹饪过程中可视情况加入适量蔬菜原汤，并可再撒上适量盐。

将面条下入煮沸的盐水中煮熟（煮面时间参照外包装），面条盛出后搭配酱汁和羊乳干酪碎一起食用。

●建议配菜/配酒

罗莎德尔戈尔夫酒庄，萨伦托柏尔图拉诺葡萄酒（优良产区餐饮葡萄酒）

●主厨建议

您可以选择用底部凹进去的面代替新郎面，如贝壳状的猫耳朵面或者螺旋形状的螺旋面。
制作肉丸时，您也可以选择其他种类的肉，单种肉馅或多种肉馅混合均可：小牛肉、牛肉、猪肉、羔羊肉、火鸡肉、鸡肉等。

●烹饪须知

您可以将食材中剩余面条放入烤箱中烘烤，并撒上一些奶酪碎：羊奶奶酪、质地柔软的牛奶奶酪、梨形的斯卡莫扎生牛奶奶酪、用母羊鲜奶制作成的羊乳干酪或者帕尔玛奶酪、帕尔马奶酪等。

配料

1个洋葱
1瓣蒜
几段香芹
几片新鲜罗勒叶
400克番茄
1片软面包
30克帕尔马奶酪
20克羊乳干酪
200克碎肉牛排
100克香肠肉
1个鸡蛋
2汤匙橄榄油
1汤匙面粉
250毫升白葡萄酒
500毫升菜汤（做法详见第94页）
400～500克新郎面（较粗的通心粉）
盐，胡椒

配料

1瓣蒜
500克萝卜芽
60克羊奶酪
4克油浸鳀鱼
2汤匙橄榄油
1个辣椒（视个人喜好）
400～500克猫耳朵意面（手工面或机器制面）
盐
胡椒

萝卜芽意面 ★
Orecchiette con le cime di rapa

　　萝卜芽意面是普利亚大区的传统特色菜肴，此款意面会经常伴有酱料，并且在顶端撒上一些蔬菜碎。

4人份

准备时间：30分钟
烹饪时间：15～20分钟

将蒜去皮、去芽、碾碎。清洗萝卜芽，仅留下最鲜嫩的茎、叶及芽尖，碾碎。把羊奶酪擦成碎末。

在平底锅中混合鳀鱼肉和碾碎的蒜末，加入橄榄油和小鸟辣椒，再加入萝卜芽并烹煮10分钟。

其间，将面放入加盐的沸水中煮熟（按照包装上的指示）。将水沥干，把面加入平底锅中，与擦好的羊奶酪碎混合并炒熟。

●建议配菜/配酒

卡拉特雷斯酒庄，萨伦托阿洛拉普里米蒂沃红葡萄酒（优良产区餐饮葡萄酒）
里维拉酒庄，蒙特利堡马瑞斯白博比诺干白葡萄酒（法定产区葡萄酒）

●主厨建议

萝卜芽是在葡萄牙食品杂货店非常容易找到的食材，您也可以用西兰花代替。

简易烤鸡 ★ ★
Pollo alla diavola

　　置于木炭上烹饪的简易烤鸡在意大利许多地区都是一道常见的佳肴，但浓郁的辣味使其更多地出现在南方地区。

6人份

准备时间：15分钟
烹饪时间：1小时

切碎辣椒和香草。

混合橄榄油、切碎的辣椒、香草、盐和胡椒。

将鸡沿着胸骨剖开并分成两半并切碎。用绞肉机绞碎。

在鸡的表面涂抹适量的油，放在木炭上烘烤（置于烧烤架上或壁炉内）。为了避免鸡被烤干，需在翻转的同时在其表面刷油。

烤制约1小时，直到鸡皮焦化并且用木质叉子可以轻易刺透鸡肉时，鸡肉便鲜嫩得恰到好处了。

●建议配菜/配酒

里维拉酒庄，蒙特利堡卡佩罗西欧艾格尼干红葡萄酒（法定产区葡萄酒）

●主厨建议

您同样可以将鸡置于200℃ 的烤箱中进行烹饪。

配料

1根小鸟辣椒（视个人喜好）
几枝百里香
几片牛至
1枝迷迭香
150毫升橄榄油
1只约1.8千克的鸡
1瓣蒜
盐，胡椒

配料

800克猪里脊
1个洋葱
2汤匙橄榄油
1汤匙辣椒粉
1汤匙茴香籽
250毫升白葡萄酒
300克醋渍甜椒（塞尼斯IGP地区的甜椒，
圆形甜椒为最佳）
盐

卢卡纳猪肉 ★
Maiale alla lucana

猪肉是巴西利卡塔大区的基础食材。这是一道当地人在杀猪当天制作的传统菜。

4人份

准备时间：30分钟
烹饪时间：30分钟

将猪肉切成小块，洋葱去皮切块。在平底锅中加入橄榄油，将猪肉煎至金黄。

加入切好的洋葱丁、辣椒粉和茴香籽。洋葱炒熟后，加入白葡萄酒煮制10分钟。

将甜椒切片，加至锅中，放盐。盖上锅盖，用中火煮15分钟。

● 建议配菜/配酒

巴西利斯科酒庄，沃图尔艾格尼科葡萄酒（法定产区葡萄酒）

● 主厨建议

如果您没有醋渍甜椒（见第24页或在意大利食品杂货店购买圆形甜椒），可以用2个新鲜红色甜椒，去皮切片，放入平底锅，加入橄榄油和白葡萄酒。

技巧复习
醋渍甜椒 >> 第24页

鳀鱼土豆馅饼 ★ ★
Tortiera di alici e patate

4人份

准备时间：30分钟
烹饪时间：40～45分钟

洗净并切碎罗勒叶。将蒜瓣剥皮，去芽后剁碎，樱桃番茄洗净切成两半，土豆去皮切成薄片。

洗净鳀鱼，切下鱼脊。

烤箱预热至180℃（调节器6挡）。

用锡纸将模具包住。用盐、橄榄油、牛至香精和蒜末腌制土豆片，并放在模具底部。在其上面铺扇形鳀鱼，用牛至香精和少量油调味。

在料理上面放切半的樱桃番茄，放盐，撒几片碎罗勒叶。

放入大量面包屑和少量橄榄油。放入烤箱烤40～45分钟。

●建议配菜/配酒
里维拉酒庄，蒙特利堡飞费德拉葡萄酒（法定产区葡萄酒）

●主厨建议
在烹饪期间，如果馅饼有烤煳的趋势，可在模具上覆盖一张铝箔纸直到烹饪结束。

●烹饪须知
您可以用市场上更容易找到的小沙丁鱼代替鳀鱼。

配料

几片罗勒叶
2瓣蒜
500克樱桃番茄
500克土豆
600克（新鲜）鳀鱼
1汤匙牛至香精
20克面包屑
橄榄油
盐

用具
1个直径24厘米的馅饼模具

配料

30克刺山柑花蕾（盐渍或醋渍）
2瓣蒜
100克樱桃番茄
1千克蒲公英（或者加泰罗尼亚菊苣）
30克面包屑
橄榄油
盐

烘焙蒲公英 ★
Catalogna arrancanata

4人份

准备时间：30分钟
烹饪时间：20分钟

必要的话，冲洗刺山柑花蕾并脱盐或者泡在醋里脱水。蒜瓣去皮除芽，然后切片。清洗樱桃番茄，切成4瓣。

在平底锅中加水并煮沸，烤箱预热至200℃。

仔细清洗蒲公英（或者加泰罗尼亚菊苣），然后在沸水里焯烫。

将食材全部摆盘放入烤箱，上面放上蒜片、1/4番茄块和蒲公英。

撒入大量面包屑，浇入少量橄榄油。

放入烤箱烘焙20分钟。

●建议配菜/配酒

罗莎德尔戈尔夫酒庄，萨伦托桃红起泡葡萄酒（优良产区餐酒）

薄荷西葫芦 ★
Zucchine alla menta

配料
2瓣蒜
几片薄荷叶
炸制用油
1千克西葫芦
250毫升酒醋
盐

4人份

准备时间：20分钟
烹饪时间：10分钟

将蒜瓣去皮除芽，切片。薄荷叶去叶。

预热炸制用油。

清洗西葫芦，切成0.5厘米厚的圆片后油炸。捞出沥干后放在吸油纸上吸掉多余油脂。

准备淹浸调料：在醋中加入蒜片、一些薄荷叶和少许盐煮沸5分钟。薄荷叶煮熟后立刻用漏勺捞出。

将西葫芦圆切片放入空盘中，在顶端放上新鲜的薄荷叶。

●建议配菜/配酒
里维拉酒庄，普利亚弗方特白葡萄酒（优良产区餐饮葡萄酒）

配料

樱桃或者糖浆浸甜樱桃
糖粉

卡仕达奶油：

4个蛋黄
130克糖
60克面粉
500毫升牛奶
1根香草荚

泡芙面团：

1个柠檬
100克黄油
10克糖
1小撮盐
180克T45面粉
5个鸡蛋
炸制用油（猪油为最佳）

用具

1个有凹槽的裱花袋

圣约瑟夫炸糕 ★ ★ ★
Zeppole di San Giuseppe

圣约瑟夫炸糕是古时意大利南部的糕点，传统上通常是为神父的节日准备的。

12个炸糕

准备时间：1小时
烹饪时间：10分钟
冰冻时间：1小时

准备卡仕达奶油：

加糖并打发蛋黄，加入糊状面粉并搅拌。一点点地加入牛奶，中火烹饪并持续搅拌。奶油一旦微微颤动（为防止其变质，不要让它沸腾），关火并倒入托盘或空碟中。融化少许黄油并将其涂于奶油表面，防止其表面形成硬壳。覆上一层保鲜膜并放入冰箱冷冻。

准备泡芙面团：

剥下柠檬皮。面粉过筛。锅中加250毫升水、黄油、糖和盐并煮沸。关火，一次性加入过筛的面粉，在火上不断搅动，当液体不粘锅的时候关火。
液体冷却后加入柠檬皮，一个一个地加入蛋黄，借助打蛋器和进行混合。当切刀可以插入面糊中且不塌陷时，面团就准备好了。
加热炸制用油至180℃。将烘焙纸切成边长10厘米的正方形并放在一旁。
将面团倒入有凹槽的裱花袋中。每个蛋糕需要画2个直径5厘米的面糊圈，一个叠放在另一个上面。将蔬菜放入热面包里油炸至金黄色。沥干并放在吸油纸上吸掉多余油脂。冷却后小心地揭下烘焙纸。
食用时，将卡仕达奶油从冰箱中取出，将奶油装饰在炸糕上，放上1颗樱桃，撒上一些糖粉。

●建议配菜/配酒

玛爵诺朗酒庄，莫利斯莫斯卡托阿皮亚纳葡萄酒（法定产区葡萄酒）

●主厨建议

如果您计划事先准备蔬菜面团和糕点的奶油，请在最后一刻装饰面团，以防其变软。

西西里大区

阿库索·克拉帕罗
Accursio Craparo
推荐食谱

　　我烹饪的风格是什么？这很难下一个明确的定义，因为它一直都在变化。我生长在一片地形复杂却物产丰饶的土地，因此，我烹饪选用的食材大多都来源于这里：橄榄油、刺山柑花蕾、杏仁、开心果，甚至包括那些"枯叶"。通过挑选最佳的食材，我将传统的烹饪方法加以创新。而这样所烹饪出的食物味道浓郁、口感轻盈，并且受到了食客们的肯定。此外，菜品最后呈现的样子同样是我想给食客传递的信息。而菜品整体呈现出的精美之感也表达了我们对于原材料和这片土地最诚挚的敬意。

　　我烹饪的目的是为了改进和完善西西里岛那些味道相对"差"的传统菜肴。为了将每种食材的特性发挥到极致，我并不排斥使用一些新的烹饪技术。

　　成为厨师对我而言是一件再自然不过的事。烹饪美食是我所在家庭的传统，因此我从小时候开始便对烹饪有着强烈的迷恋和热爱。长大后我很荣幸能够遇见许多杰出的厨师并跟着他们学习。

两种西西里香蒜酱意面
Pâtes aux deux pesto de Sicile

野茴香香蒜酱

将茴香去皮，用盐水煮沸1分钟。在平底锅中加入油、盐和糖，分别煸炒茴香茎和切成薄圆片的小洋葱。加入煮好的茴香水，中火煮10分钟。然后把锅里的东西倒入冰糕机中，加少许油后启动机器。

鳀鱼香蒜酱

在小平底锅中煸炒蒜片和柠檬皮，加入鳀鱼、糖浸橙子皮、糖浸番茄、辣椒和鳀鱼汁，搅拌。

摆盘

加入鳀鱼和野茴香蒜香酱翻炒意大利面，用烤面包碎装饰意面。

4人份

准备时间：15分钟
烹饪时间：15分钟

配料

1小束野茴香
1个小洋葱
100毫升优质纯橄榄油
1小撮盐和糖
1瓣蒜
1个柠檬
40克鳀鱼
1个糖浸橙子皮
1个糖浸番茄
1小撮辣椒
10克鳀鱼汁
320克手工细面条
烤面包碎

肉馅米丸子 ★ ★ ★
Arancini

肉馅米丸子，我们可以这样称呼它，这些米丸子做好后就像是小橙子。

10个肉馅米丸子

准备时间：1小时
烹饪时间：7～10分钟

将帕尔马奶酪擦丝，意大利干酪切成小方块。清洗香芹，去果核，切碎。将芹菜和胡萝卜清洗去皮，切碎，洋葱去皮切碎。

番茄浓缩汁加入200毫升水调和，藏红花加入少许水调和。在碗中打2个鸡蛋，加少许盐。准备另外2个碗，一个装面粉，另一个装面包屑。

在平底锅中倒入切好的牛肉，加入2汤匙橄榄油和黄油。锅中加入蔬菜碎，炒至半透明状，加入白葡萄酒和小豌豆并搅拌，倒入调兑好的番茄汁、香芹碎、盐和胡椒，烹煮并时不时搅拌。

炒熟阿尔伯里奥米（见包装纸上的说明，通常在盐水中煮沸14～16分钟即可），仔细沥干水，将其放入色拉盆中冷却。加入调和好的藏红花、1个鸡蛋、帕尔马奶酪和芹菜碎。在您的旁边准备1碗水，稍稍浸湿您的手，取1汤匙米放于手心中央，捏成紧实的小球状。重复上述步骤。

在小球中掏出空洞并放入1咖啡匙的馅儿和一个意大利奶酪小方块，捏合米表皮，将其搓成球形，必要时可再加些米。为保证接下来的操作，请用双手压实小球以防它散开。

预热油炸锅至170℃。

将小球依次裹上面粉、鸡蛋、最后是面包屑。然后将其放入油中炸至如橙子般的金黄色，在享用前放在吸油纸上吸掉多余油分。

●建议配菜/配酒

卡拉特雷斯酒庄，西西里岛泰瑞第吉涅斯特拉黑珍珠干红葡萄酒（地区餐饮葡萄酒）

配料

25克帕尔马奶酪
50克意大利奶酪，条形小牛奶奶酪
几束香芹
1束芹菜
1/2根胡萝卜
1个洋葱
2汤匙番茄浓汁
1小撮藏红花
3个鸡蛋
200克面粉
足量面包屑
100克切好的牛肉
2汤匙橄榄油
20克黄油
100毫升白葡萄酒
50克小豌豆
200克阿尔伯里奥地区熟米（烩饭）
盐、胡椒
炸制用油

配料

2瓣蒜
几段香芹
1个柠檬
600克小型沙丁鱼
100毫升橄榄油
120克面包屑
10克羊乳干酪
30克松子
30克葡萄干
8条油浸鳀鱼
20片月桂叶
盐，胡椒

用具

木签

葡萄干松果沙丁鱼卷 ★★
Sarde a beccafico

农民们将制作本菜的食材由最初的莺鸟换成了如今的沙丁鱼。

4人份

准备时间：30分钟
烹饪时间：15分钟

将蒜瓣剥皮去芽后切碎，香芹洗净去梗后切碎。将柠檬切成薄片。
沙丁鱼洗净处理后将鱼刺剔除，放在纸巾上沥干多余的水。

在平底锅中倒入橄榄油，放入蒜末翻炒。倒入面包屑，用锅铲翻炒1分钟将面包碎与蒜末翻炒均匀，关火。

将羊乳干酪擦碎。在平底锅中倒入橄榄油，放入羊乳干酪碎、松子、葡萄干、鳀鱼和香芹碎一起翻炒。撒上少量盐和胡椒。翻炒均匀。

烤箱预热，温度设置为180℃（调节器6挡），托盘底部抹上一层油。

将沙丁鱼内部抹上少量盐。将刚才炒好的馅料均匀塞入沙丁鱼腹中。在沙丁鱼两侧中的放1片月桂叶，另一侧放1片柠檬片。然后将沙丁鱼卷成卷，穿在木签上。

将沙丁鱼卷放在托盘上，滴上少许柠檬汁和橄榄油。放入烤箱中烹饪15分钟，烹饪完成后请立即食用。

● 建议配菜/配酒

卡拉特雷斯酒庄，西西里岛特拉迪吉内斯特拉卡塔拉托白葡萄酒（地区餐饮葡萄酒）

茄片乳酪意面（诺玛红酱意面）★
Pasta alla Norma

　　茄片乳酪意面又被称之为诺玛红酱意面，卡塔尼亚地区居民为了表示对自己同胞贝利尼（Bellini）和对本地区著名戏剧《诺玛》（la Norma）的敬意，便以此给这道菜命名。

4人份
腌制时间：30分钟
准备时间：20分钟
煮面时间：参看外包装说明

将茄子洗净后切成薄片并将其放入滤盆中。在滤盆中撒一些粗盐，等候30分钟。

在等待过程中，将蒜瓣剥皮去芽后剁碎。罗勒叶洗净后择叶。视个人口味，番茄去皮（将番茄放入沸水中烫几秒后再将其放入冷水中）后将番茄切成小块。在平底锅中滴入少许橄榄油，放入蒜末翻炒。加入几片罗勒叶、盐和胡椒。

将茄片洗净，另外一个锅中倒入少许橄榄油，将茄子下入锅中煎烤（详见第16页）。

将乳清干酪磨碎。

将面条煮熟。煮熟后下入平底锅，与番茄汁和茄片一起翻炒。翻炒均匀后关火。

稍撒一些乳清干酪碎和几片新鲜罗勒叶后即可食用。

●建议配菜/配酒
菲维亚托酒庄，西西里岛瑞比卡葡萄酒（优良产区餐饮葡萄酒）

🥄技巧复习
烤蔬菜 >> 第16页
去皮番茄 >> 第42页

配料

1根茄子
1瓣蒜
20片新鲜罗勒叶
400克去皮番茄或700克新鲜的熟番茄
橄榄油
100克乳清咸干酪
400～500克加罗法洛意大利面
粗盐
盐，胡椒

配料

200克樱桃番茄
几片新鲜罗勒叶
几片薄荷
1个辣椒
1根茄子
250克箭鱼
1汤匙杏仁薄片
1个洋葱
橄榄油
400～500克圆筒形意大利面
1瓣蒜
100毫升白葡萄酒
盐，胡椒

箭鱼意面 ★
Pasta allo spada

4人份

准备时间：30分钟
烹饪时间：20分钟
煮面时间：参看外包装说明

将番茄洗净后切成两半，罗勒叶洗净择叶后切成小块。择取少量薄荷叶。将辣椒剁碎，茄子洗净后切成小丁。

将箭鱼洗净后将鱼肉切成小块。

在平底锅中直接放入杏仁薄片翻炒。

将洋葱剥皮后剁碎。在平底锅中倒入橄榄油，放入洋葱碎、一半番茄块、罗勒叶块和辣椒碎一起翻炒，撒上适量盐和胡椒。

在锅中盛入盐水，水煮开后将意面下入锅中煮熟（煮面时间参看外包装说明）。

与此同时，在另一个平底锅中倒入橄榄油，下入茄丁翻炒。将茄丁盛出，倒入鱼肉块和带皮蒜瓣一起翻炒。倒入白葡萄酒后继续烹饪约3分钟。

在生菜盆中放入鱼肉，茄丁和番茄块搅拌均匀，用几片薄荷叶和杏仁薄片加以装饰，搭配意面一起食用。

●建议配菜/配酒

库苏马诺酒庄，西西里岛库比亚银佐利亚葡萄酒（优良产区餐饮葡萄酒）

薄荷羊肉 ★ ★
Agnello alla menta

4人份
准备时间：15分钟
腌制时间：1～2小时
烹饪时间：1小时

将羊肉切成方块。放入醋，盐和几粒胡椒后腌制1～2小时。

烤箱预热，温度设置为180℃（调节器6挡）。

将羊肉盛出放入锅中。锅中倒入橄榄油和迷迭香煎烤羊肉，以使羊肉上色。上色后盛出，倒入白葡萄酒后将其放入烤箱中烹饪1小时。

制作香蒜酱
将橙子榨成约4汤匙量的橙汁，加入一些糖。将蒜瓣剥皮去芽后与薄荷一起切碎。将甜橙汁和橄榄油搅拌均匀，撒上盐和胡椒。

将羊肉从烤箱中取出，浇上制作好的薄荷香蒜酱，请尽快食用。

●建议配菜/配酒
莫尔甘特酒庄，西西里岛安东尼奥黑珍珠干红葡萄酒（优良产区餐饮葡萄酒）

配料
800克羔羊肉（羊后腿或羊肩肉）
400毫升葡萄酒醋
50毫升橄榄油
2枝迷迭香
200毫升白葡萄酒
盐，胡椒粒

香蒜酱
1个橙子
2汤匙糖
1瓣蒜
4枝鲜薄荷
100毫升橄榄油
盐，胡椒

配料

1瓣蒜

几片薄荷叶

1汤匙茴香籽

1汤匙杏仁

50克乳清干酪

250毫升白葡萄酒或250毫升鲜榨柑橘类果汁（橙子、柠檬或葡萄柚）

500克新鲜金枪鱼（4块鱼肉，每块约125克重）

2汤匙橄榄油

100克面包屑

1小撮藏红花

1小撮牛至

盐

炸金枪鱼 ★
Tonno alla trapanese

在西西里岛，人们捕捞金枪鱼是为了获取其鱼皮和鱼卵，从而用其制作腌鲔鱼这道十分珍贵的菜。

由于金枪鱼的每个部位都可以做成对应的菜或者罐头，故金枪鱼又被称作"海中的猪"。

4人份

准备时间：30分钟

腌制时间：10分钟

烹饪时间：2分钟

将蒜瓣剥皮去芽后切碎，薄荷择叶后切碎。将茴香籽研碎，杏仁捣碎。将乳清干酪磨碎。视个人口味，将柑橘类水果压榨成果汁。

将橄榄油、葡萄酒（或果汁）、茴香碎和蒜末搅拌均匀。将金枪鱼放入其中腌制10分钟。

与此同时，制作面包粉：将面包屑、藏红花、杏仁碎、薄荷碎、牛至和乳清干酪碎混合在一起搅拌均匀，撒上1小撮盐。

将金枪鱼取出后放入面包屑中，保证其能均匀地蘸满面包屑。

在平底锅中倒入橄榄油，将金枪鱼下入锅中，中火烹饪，两面都煎至金黄色（每面约1分钟）。做好后应立即食用。

●主厨建议
建议与橙子茴香沙拉一起搭配食用。

●建议配菜/配酒
米塞利酒庄，西西里菲马托葡萄酒（优良产区餐酒）

利帕里岛风情肉酱鱿鱼 ★ ★
Calamari ripieni alla lipari

鱿鱼是西西里岛菜肴中很常见的食材。

4人份

准备时间：30分钟
烹饪时间：40分钟

将2片蒜瓣剥皮去芽后分开剁碎，香芹洗净去梗后切成2汤匙量的香芹碎。将辣椒剁碎，油橄榄去核，乳清干酪擦碎。将橄榄和刺山柑花蕾切碎。将番茄去皮（将番茄放入沸水中烫几秒后再将其放入冷水中，或使用去皮器）后切成小块。

将鱿鱼仔细洗净（详见第126页）后切成小块。随后加入1份蒜末、1汤匙香芹碎、面包屑、乳清干酪碎，将橄榄碎和刺山柑花蕾碎搅拌均匀。加入适量盐。

将调味料塞入鱿鱼肚中，但不要塞得过多，因为烹饪过程中鱿鱼肚体积会缩小至一半。然后用1根木签将鱿鱼肚穿好。

在平底锅中滴入少量橄榄油，鱿鱼下入锅中翻炒。待鱿鱼水分完全蒸发后，倒入白葡萄酒。

加入番茄丁、剩下的蒜末和香芹碎、辣椒碎后一起翻炒。

盖上锅盖，小火烹饪约30分钟。

●建议配菜/配酒

塔斯卡酒庄，西西里岛雷佳丽亚里干红葡萄酒（法定产区葡萄酒）

●主厨建议

鱿鱼与墨鱼一样能耐住低温。低温会使其肉质更柔软，也更易于烹饪。

●烹饪须知

在市场上挑选时，我们可以根据其墨汁含量判断鱿鱼的新鲜度：墨汁越多，说明其越新鲜。

技巧复习

清洗鱿鱼 >> 第126页

清洗鱿鱼 >> 第126页

配料

2瓣蒜
几片香芹叶
1个小鸟辣椒
50克去核青橄榄
50克羊乳干酪
30克刺山柑花蕾（盐渍或醋渍）
400克新鲜熟番茄
800克中等大小的鱿鱼（4～8只）
250克面包屑
橄榄油
120毫升白葡萄酒
盐

用具

一些木签

配料

2根茄子
40克盐渍刺山柑花蕾
1个洋葱
2棵芹菜
几片新鲜罗勒叶
150克去核青橄榄
20克糖
4汤匙葡萄酒醋
橄榄油
40克松子
40克葡萄干（不需浸泡）
200克番茄酱（详见第50页）
粗盐
盐，胡椒

意大利式茄丁酱（酸甜茄子烩菜）★
Caponata

本菜诞生于16世纪，现在有30多种不同的做法。

4人份

发酵时间：1小时
准备时间：30分钟
烹饪时间：20分钟

提前准备

将茄子洗净后切成小块。将茄子抹上粗盐后放入滤盆中腌制1小时。

将盐渍刺山柑花蕾放入水中浸泡，洋葱剥皮后剁碎。将芹菜洗净去皮后切成小段（约0.5厘米厚）。罗勒叶洗净。将橄榄去核。在葡萄酒醋中放一些糖。

将茄子洗净。锅中倒入橄榄油，将茄子下入锅中翻炒直至其稍微变软。

在平底锅中倒入橄榄油，碎洋葱和芹菜一起翻炒。颜色炒至半透明时放入松子，刺山柑花蕾和去核橄榄继续翻炒1分钟，随后倒入番茄酱（详见第50页）。撒上盐，胡椒和新鲜罗勒叶，继续烹饪10分钟。倒入甜葡萄酒醋后煮至其冒泡。
随后放入茄子，继续烹饪几分钟然后等待其冷却。

本菜可作为凉菜食用。

●建议配菜/配酒

普拉内塔酒庄，西西里岛胜利樱桃红葡萄酒（法定产区优质葡萄酒）

技巧复习
番茄酱 >> 第50页

糖渍水果奶酪蛋糕 ★ ★
Cassata

4人份

准备时间：1小时
发酵时间：30分钟
烹饪时间：40分钟

制作杏仁果酱蛋糕面糊

在蛋挞模具中抹上黄油和面粉。烤箱预热，温度设置为180℃（调节器6挡）。将蛋清打成泡沫状。将柠檬片去皮，蛋黄打散，加入细砂糖，面粉和酵母，最后加入柠檬片搅拌均匀。

缓慢倒入打成泡沫状的蛋白。搅拌均匀后将其倒入模具中，放入烤箱中烘烤40分钟。冷却后将模具取下。借助打洞钳将蛋糕分成8个1厘米高的小圆形蛋糕，其直径应略微小于蛋糕模具直径。

制作乳清奶油

将糖渍南瓜切成小块，香草切成长度相等的两半，将其中一半的叶片剥开取出香草籽。
将乳清干酪过筛。加入砂糖、水滴形巧克力、糖渍南瓜块、香草籽和1小撮盐。

制作水果夹心冰激凌

将4个蛋糕模具的内部裹上保鲜膜。在面团中倒入少量水和烈性葡萄酒。用擀面杖将杏仁面团擀成5毫米厚的面皮。将面皮粘在蛋糕模具内壁。在模具底部放入第一层杏仁果酱蛋糕面糊。浇上烈性葡萄酒。倒入乳清奶油后放上第二层蛋糕面糊，再倒一些葡萄酒。最后用保鲜膜包好后放入冰箱冷藏约30分钟。

制作糖面

用抹刀将蛋清和糖粉混合均匀，随后倒入柠檬汁。

最后一步

取下模具，揭开保鲜膜，浇上糖面，放上毕加罗甜樱桃和其他糖渍水果快加以装饰。

● 主厨建议

食用前再将冰激凌从冰箱中取出。

● 烹饪须知

如果想要节省时间，您可以在超市直接购买到已经做好的杏仁果酱蛋糕面糊。

配料

杏仁果酱蛋糕面糊

2个鸡蛋
半个柠檬的柠檬片
75克细砂糖
100克T45面粉
1小袋酵母
黄油
盐

水果夹心冰激凌

120毫升烈性葡萄酒（马拉斯加樱桃酒，马沙拉白葡萄酒，麝香葡萄酒，苦艾酒等）
250克青杏仁面团

乳清奶油

25克糖渍南瓜
250克乳清奶酪
半根香草荚
150克砂糖
25克水滴状巧克力
盐

糖面

1个蛋清
250克糖粉
1咖啡匙柠檬汁

装饰

几颗毕加罗甜樱桃
几片糖渍水果

用具

1个过滤奶酪的筛子
4个蛋糕模具
1个蛋挞模具

奶油甜煎卷 ★★
Cannoli

10个奶油甜煎卷

准备时间：1小时
发酵时间：1小时30分钟
烹饪时间：10分钟

制作面卷

将所有食材混合在一起（除了猪油和蛋白），揉成表面均匀光滑的面团。用保鲜膜包好后放入冰箱中发酵1小时30分钟。

将面团切成10个小面团。用擀面杖将面团擀成约2毫米厚的椭圆形面皮。

将油温预热至180℃。

面皮包在模具上，用蛋白将两端粘住，随后将其下入油锅中炸至金黄色。捞出后放置吸油纸上吸去多余油脂，冷却后取下模具。

制作乳清奶油

将香草荚切成长度相等的两段，其中一段外皮挂掉以获取香草籽。将橙子皮切成薄片。乳清干酪过筛。加入水滴形巧克力、香草籽、糖和1小撮盐。

装饰工序

为保证煎饼松脆口感，请在最后再放入馅料。借助套筒将乳清奶油塞入。两端放上糖渍橙皮和开心果粉。均匀撒上糖粉（详见第435页照片）。

●主厨建议

如果您想提前将本菜做好，可在煎卷内部放入一些融化的黑巧克力，避免煎饼皮和馅料的直接接触。
您可以将做好的煎饼卷（里面无填充物）存放于金属容器中，可保存几天。也可将其冷藏。

●烹饪须知

为节省时间，您可以直接从商店购买已经做好的煎饼卷。

●建议配菜/配酒

米塞利酒庄，西西里岛莫斯卡托甜白葡萄酒（法定产区葡萄酒）

配料

面团

125克T45面粉
1咖啡匙可可粉（苦可可粉）
1汤匙砂糖
20克猪油
1咖啡匙醋
1咖啡匙加强型葡萄酒（马拉斯加酸樱桃酒、马沙拉葡萄酒、麝香葡萄酒、苦艾酒等）
1小撮肉桂粉
盐
一锅油（猪油）
1个蛋清

乳清干酪奶油

半根香草荚
1/4个糖渍橙子皮
250克乳清干酪
25克水滴形巧克力
75克砂糖
1汤匙开心果粉
盐
装饰用糖粉

用具

10个圆柱形奶油煎卷模具
1个套筒
1个裱花袋

配料

2个球茎茴香
5个橙子
4汤匙橄榄油
1咖啡勺糖
40克去核油橄榄
盐，胡椒

茴香橙子沙拉 ★
Insalata d'arance e finocchi

4人份

准备时间：30分钟
腌制时间：15分钟

将茴香洗净后切成薄片，橙皮剥去后将橙子瓣掰开。
将橄榄油、糖、盐和胡椒混合成汁。

在生菜盆中，放入橙瓣和茴香。倒入刚刚做好的调味汁后放入橄榄。

食用前腌制10～15分钟。

●建议配菜/配酒

库苏马诺酒庄，西西里岛银佐利亚葡萄酒（优良产区餐饮葡萄酒）

撒丁大区

罗伯托·彼萨
Roberto Petza
推荐食谱

　　小时候我的梦想是成为一名细木工匠。后来，我有幸学习了酒店管理，这个专业使我领略到了许多国家的风土人情。15年后当我重新回到故乡，我决定重新探索这片我从小长大的地方。于我而言，家乡就意味着一切。我选用的食材全都来源于餐厅附近的农场。结合我在国外多年的经历，我决定将当体传统的烹饪技巧与国外美食的异域风情巧妙结合在一起。而超越传统的前提，是先要在真正意义上了解它。

　　新技术的兴起不仅赋予了我可以运用现代视角来重新演绎传统菜肴的可能性，同时这也意味着我可以更加忠于传统。例如，真空低温烹饪烤乳猪的效果，其实和几个世纪以来撒丁岛中部人们用泥土烹饪的效果并无太大差异。然而，我并不完全忠于新技术的使用。在我的餐厅，我依旧坚持使用炭火烤肉。

海鳝樱桃番茄汤、松脆小麦和小饺子
Soupe de murène et tomates cerises, épeautre croustillant et petits ravioli de cas'axedu

4人份

准备时间：1小时
烹饪时间：45分钟

饺子皮
食材都混合均匀后将其揉制成面团。将面团压平后用切面机切成直径约4厘米的圆形饺子皮，切好后放入冰箱中备用。

饺子馅
食材搅拌均匀后放入食品搅拌器中绞碎成肉馅。撒上适量的盐。

双粒小麦
在平底锅中倒入3汤匙油，下入蒜末和月桂一起翻炒。倒入双粒小麦，撒上少量盐后继续翻炒约2分钟。倒入水后继续烹饪直至小麦煮至熟而不烂但有嚼劲，这一过程大约需要25分钟。

汤
将洋葱切成薄片。在小平底锅中倒入少许橄榄油，洋葱下入锅中用小火煨约10分钟，放入胡萝卜丁，继续烹饪5分钟。随后一起放入韭菜末，芹菜末，法国香草碎，蒜末和香芹碎。继续翻炒2分钟。下入海鳝块，撒上盐和胡椒后继续翻炒，为了获得汤汁，要尽可能地将海鳝压碎。倒入大量冰块，关火，等待冰块完全融化，这一过程至少需要20分钟。

重新关火，煮至汤汁冒泡后，撇去浮沫，继续烹饪约20分钟。将汤汁过滤后重新煮沸，撒入适量盐，最后将小番茄和饺子下入锅中。

装饰
在4个空盘中均匀撒入几片芹菜叶，少许小葱，罗勒叶丝，野茴香和1汤匙双粒小麦。盛上刚刚做好的热汤，饺子和番茄。浇上几滴橄榄油后即可食用。

配料

面皮

150克
5克硬质小麦粗面粉
8个蛋黄

饺子馅

100克母羊生奶鲜奶酪（又称酸凝乳素）
半个柠檬的柠檬皮
1小片薄荷叶
30克半干（半熟）羊乳干酪
1汤匙初榨橄榄油
盐，胡椒

双粒小麦的烹饪

半瓣蒜
1片月桂叶
3汤匙橄榄油
100克双粒小麦

汤

2个洋葱
2汤匙初榨橄榄油
1根胡萝卜
半根韭菜
1棵芹菜
1束法国香草束（墨角兰，野茴香，百里香，罗勒叶，月桂叶）
1瓣蒜
1小段香芹
2条切除内脏的海鳝，每条约300克重
12个去皮的糖渍樱桃番茄
几片芹菜叶
1段小葱
几片罗勒叶
2枝野茴香

肉丸意面 ★ ★ ★
Gnocchi sardi alla campidanese

这是该地区的一道经典意面。通常搭配番茄酱食用。

4人份

准备时间：1小时
发酵时间：30分钟
酱汁烹饪时间：40分钟
煮面时间：4～5分钟

制作团子

依据菜谱制作蝴蝶面（详见第76页）。取出1/4的面团。在藏红花粉中倒入
1咖啡匙水稀释，随后将其倒入小面团中，使其呈黄色。将两个面团揉成球
（1个大的白面球和1个小的黄面球），包上保鲜膜后发酵30分钟。制作螺纹
面：面团发酵好后将其擀成直径小于1.5厘米的圆柱形面团，随后用刀切成
1厘米长的小面条。
用拇指按住叉子在面条上压出一些锯齿状，或者将面条放在专门的木板上滚
出团子状，团子一面凹进去另外一面刻有纹路。
将面条置于干燥的毛巾上。最后应各有黄色的面条和白色的面条。

制作酱汁

将洋葱剥皮后切碎，香肠外皮剥开后切成小块，番茄洗净后去皮（将番茄放
入沸水中烫几秒后再放入冷水中，或使用削皮器）。将羊乳干酪磨碎。
向平底锅中倒入1汤匙橄榄油，下入洋葱翻炒。倒入香肠丁后继续翻炒。放
入去皮番茄，罗勒叶和藏红花。撒上盐后盖上锅盖，小火烹饪约40分钟。

盐水煮开后下入面条，煮4～5分钟。面条盛出后下入油锅与酱汁一起翻炒，
撒上羊乳干酪碎和胡椒粉。

●建议配菜/配酒

阿吉拉斯酒庄，科斯达卡诺娜干红葡萄酒（法定产区葡萄酒）

●主厨建议

您也可以用藏红花粉给面条上色。

技巧复习

蝴蝶面 >> 第76页
去皮番茄 >> 第42页

配料

1份蝴蝶面（详见第76页）
1份藏红花粉（0.1克）

酱汁

1个洋葱
120克新鲜香肠
700克新鲜的熟番茄
60克羊乳干酪
1汤匙橄榄油
400克去皮番茄
10片罗勒叶
1份藏红花粉（0.1克）
盐，胡椒

用具

如有必要可使用团子条纹木板

配料

1份蝴蝶面（详见第76页）
1汤匙橄榄油

肉馅

800克宾什土豆或阿加塔土豆
1瓣蒜
1个洋葱
10片薄荷叶或1份藏红花粉（0.1克）
150克鲜羊乳干酪或75克羊乳干酪碎
75克乳清干酪
100毫升橄榄油
盐

酱汁

少许橄榄油
60克羊乳干酪碎
或番茄罗勒酱（详见第47页）
或那不勒斯式番茄酱（详见第51页）

用具

1台捣菜泥器
1个圆形打洞钳（直径6厘米）

奥格里斯里纳水饺 ★★★
Ravioli sardi all'ogliastrina

这是撒丁地区的代表菜。根据季节和省份的不同，肉馅选取的食材也不同。但通常都会搭配羊乳干酪碎。

4人份

准备时间：1小时
发酵时间：30分钟
烹饪酱汁时间：20分钟
煮面时间：4～5分钟

制作饺子皮

用蝴蝶面作为饺子的面团（详见第76页），加入1汤匙橄榄油。发酵30分钟。

制作肉馅

土豆（带皮）放入水中煮熟。
与此同时，将蒜瓣剥皮去芽后剁碎，洋葱剥皮后切碎，薄荷叶切碎，分成10份。羊乳干酪擦碎。土豆煮熟后剥皮，并放入捣菜泥器中捣成土豆泥。在平底锅中倒入橄榄油，下入洋葱碎翻炒。放入土豆泥、薄荷碎、蒜末、羊乳干酪碎和盐翻炒均匀。

将面团擀平，借助玻璃杯或圆形打洞钳将面皮分成直径6厘米的圆形饺子皮。在饺子皮中间放上1小份肉馅。把面皮包上，形状呈人字形，然后用木签将面皮缝上，最终饺子的形状呈无花果形。

具体做法如下：将面皮的上下两半分别向中间对折，左右部分交替向中间折叠，两两交叉叠放，注意饺子内部不应含有气泡。

盐水煮开后将饺子下入锅中煮5～6分钟。搭配橄榄油和乳清干酪碎，或者番茄酱汁一起食用。

● 建议配菜 / 配酒

桑塔迪酒庄，索莱维蒙蒂诺葡萄酒（法定产区葡萄酒）

技巧复习

蝴蝶面 >> 第76页
番茄罗勒酱 >> 第47页
那不勒斯式番茄酱 >> 第51页

龙虾意面 ★
Linguine con l'aragosta

4人份

准备时间：30分钟
煮面时间：参考生产说明（手工制作）或外包装说明（工业制作）

在锅中将水煮开，放入1片月桂叶，将活龙虾浸入锅中煮3分钟。龙虾捞出后将其置于托盘上，将沥出的龙虾汁存好备用。

龙虾去壳后切成小块。然后用刀将龙虾头切成两半。将龙虾汁留好为做酱汁备用。

将洋葱剥皮后切碎，蒜瓣剥皮去芽后切成小块，番茄洗净后切成两半。将罗勒叶洗净后将叶片摘下，香芹洗净去梗后将叶片切碎，辣椒剁碎。

将锅中的盐水煮开，以便稍后将面条下入锅中。

在平底锅中倒入橄榄油，大火翻炒蒜和洋葱。将龙虾块下入锅中，浇上龙虾汁继续烹饪几分钟。
倒入白兰地酒，放入番茄、罗勒叶、辣椒碎和盐。继续烹饪2分钟。

在龙虾烹饪完成时将意面下入煮开的盐水中，面条煮熟后捞出。
将面条下入平底锅中，与酱汁和香芹一起翻炒。
请尽快食用。

●建议配菜/配酒
桑塔迪酒庄，维拉迪基干白葡萄酒（优良产区餐饮葡萄酒）

●主厨建议
您可以选择用鳌虾或（挪威）海鳌虾代替龙虾。

配料

1片月桂叶
1～2只龙虾（总重1～1.2千克）
1个洋葱
1瓣蒜
500克樱桃番茄
3片罗勒叶
几段香芹
1个小鸟辣椒（视个人喜好）
400～500克扁面条
橄榄油
100毫升白兰地酒
盐

配料

2瓣蒜
几段香芹
1个小鸟辣椒（视个人喜好）
1千克新鲜海胆
400～500克细面条
橄榄油
盐，胡椒

海胆意面 ★
Spaghetti coi ricci di mare

4人份

准备时间：30分钟
煮面时间：参考生产说明（手工制作）或外包装说明（工业制作）

将蒜瓣剥皮去芽后剁碎，香芹洗净去梗后切碎，辣椒剁碎。

将海胆处理后洗净。取出海胆中的舌形物（详见第126页），并将其放入生菜盆中。

在锅中将盐水煮开，下入面条煮熟。
将面条捞出。在平底锅中倒入橄榄油，面条下入锅中与蒜末一起翻炒2分钟。

将炒好的面条倒入生菜盆中，放入海胆中的舌形物后快速搅拌。撒上香芹碎，最后放入辣椒碎。再次搅拌均匀。

请尽快食用。

●建议配菜/配酒

孔蒂尼酒庄，卡米斯塔洛斯白葡萄酒（优良产区餐饮葡萄酒）

●主厨建议

如果酱汁较为黏稠，可浇一小勺面汤。
热水有助于取出海胆中的舌形物。

技巧复习
清洗海胆并取出舌形物 >> 第126页

撒丁岛圆馅饼 ★ ★
Timballo sardo

这道菜最初起源于西班牙，在撒丁大区盛行多年。现在是奥斯基里、阿塞米尼、库列里三个意大利城市的经典菜肴。

4人份

准备时间：45分钟
发酵时间：30分钟
烹饪时间：30～40分钟

准备面团

将猪油放置室温下，切成小块。将猪油、面粉、温水和盐搅拌在一起，揉成表面均匀光滑的面团。用保鲜膜包好后放入冰箱中发酵30分钟。

准备肉馅 （根据个人口味选择菜单中的其中一种即可）

将肉切成小块。盐水煮开后将土豆下入锅中煮熟。煮熟后将土豆剥皮并切成小块。蒜瓣剥皮去芽后剁碎，香芹去梗后切碎，番茄干切碎。将肉块、橄榄油、蒜末、葡萄酒、香芹碎和番茄碎搅拌均匀，最后放入蔬菜（土豆块、朝鲜蓟薄片、蚕豆和豌豆）、香料和盐。放入冰箱中冷藏30分钟。

开始制作

面团发酵好后切成8个圆形面团：4个厚面团（约2厘米厚）和4个薄面团（约1厘米）。用擀面杖将面团擀成5毫米厚的面皮，其中4个直径8厘米，另外4个直径4厘米。在大面皮中间放入一小份肉馅，最外圈蘸一点水。将小面皮放在肉馅上，用拇指和食指将两层面皮捏紧并捏出一圈花边。注意里面不要含太多空气。4个圆馅饼制作完成。
烤箱预热，温度设置成180℃（调节器6挡）。放入烤箱中烹饪30～40分钟。

本菜既可作为热菜，也可作为凉菜食用。

●建议配菜/配酒

阿格里科拉布尼卡酒庄，巴洛亚佳丽酿赤霞珠混酿干红葡萄酒（优良产区餐饮葡萄酒）

技巧复习
油浸番茄干 >> 第44页

配料

面团

50克猪油
250克硬质粗小麦面粉
100毫升温水（30℃）
盐

猪肉馅 （奥斯基里地区做法）

600克猪肉（脊骨肉）
2瓣蒜
几段香芹
50毫升橄榄油
50毫升白葡萄酒
盐，胡椒

羊肉馅 （阿塞米尼地区做法）

500克羔羊肉（羊后腿或羊肩肉）
400克土豆
2瓣蒜
几段香芹
4个番茄干
50毫升橄榄油
50毫升白葡萄酒
盐，胡椒

牛肉蔬菜馅 （库列里地区做法）

300克牛肉
2瓣蒜
几段香芹
40克朝鲜蓟
50毫升橄榄油
50毫升白葡萄酒
40克豌豆
40克新鲜小蚕豆
40克去核油橄榄
1小撮藏红花
1小撮肉豆蔻
2枝迷迭香
盐，胡椒

配料

1 瓣蒜
几段香芹
1～2条狼鲈鱼，总重约1.8千克
橄榄油
一些茴香和茴香籽
20克面包屑
150毫升白葡萄酒
盐，胡椒

茴香狼鲈鱼 ★
Branzino al forno con finocchietto

4人份

准备时间：40～50分钟
烹饪时间：30～40分钟

将蒜瓣剥皮去芽后切成薄片，香芹洗净去梗后切块。

将鱼肉处理后洗净。鱼肉两侧用刀横向划两刀。在切口和鱼腹内放几片蒜片和香芹。

将橄榄油，香芹碎，盐和胡椒搅拌均匀。

研钵中放入茴香籽研成粉末，倒入面包屑搅拌均匀。

烤箱预热，温度设置为180℃。

托盘底部放几根茴香。
将搅拌均匀的橄榄油、香芹碎、盐和胡椒均匀抹在鱼肉上。
将鱼肉置于茴香上，撒上混合好的面包屑和茴香粉。

将鱼肉放入烤箱中烹饪30～40分钟（视鱼肉大小而定）。烹饪10分钟后，烤盘中倒入白葡萄酒，然后继续放回烤箱烹饪。

●建议配菜/配酒

阿吉拉斯酒庄，撒丁岛维蒙蒂诺干白葡萄酒（法定产区葡萄酒）

奥奇耶里 "叹息" 糖果 ★ ★
Sospiri di Ozieri

这道甜点诞生于1800年，是以前婚礼上的必备甜点。在撒丁岛南部地区，"叹息" 糖又被称作 "gueffus"，并且人们常用砂糖代替糖粉。

20个糖果

准备时间：1小时
烹饪时间：20分钟

制作糖果

烤箱预热，温度设置为60℃（调节器2挡）。

将杏仁放入烤箱中烤30分钟，然后将其切成薄片。将柠檬片切碎。在平底锅中放入糖、蜂蜜和柠檬片，中火烹饪。加入杏仁薄片后继续烹饪10分钟。倒入水和橙花水后等待其冷却。用擀面杖和 将刚才烹饪好的食物压成1.5厘米厚的片。用直径2厘米的打洞钳将其切分成糖果状。

烤箱预热，温度设置为160℃（调节器5/6挡）。

将糖果放入烤箱中烹饪10分钟（糖果底部轻微上色即可）。关火，等待其冷却。

制作糖面

将蛋清和糖粉用抹刀混合均匀，变硬后加入柠檬汁。

最后一道工序

将糖面抹在糖果上，等待其风干。变干后用彩纸将其包装起来，使其看起来就像糖果一样。

●建议配菜/配酒

孔蒂尼酒庄，维纳恰奥里塔诺经典红葡萄酒（法定产区葡萄酒）
桑塔迪酒庄，波尔图比诺拉提尼亚甜白葡萄酒（优良产区餐饮葡萄酒）

配料

糖果

250克去壳杏仁
半个柠檬的柠檬片
1汤匙蜂蜜
50毫升水
1咖啡匙橙花水
面粉

糖面

250克糖粉
1个蛋清
1咖啡匙柠檬汁

用具

1个直径2厘米的打洞钳
用于包装糖果的彩色糖纸

烹饪技巧及食材索引

食谱索引

食谱索引

食谱索引

地址

那不勒斯比萨制作协会
网址：www.pizzanapoletana.org

左岸风瓷
巴黎圣·奥诺雷大街173号 邮编：75001
联系电话：01 42 60 74 13
网址：www.astierdevillate.com

艾特莎（餐具）
网址：www.athezza.com

西莫内瓷砖
意大利　巴勒莫杜克公路11号
联系电话：0039.091.476189

帕尔马火腿企业

帕玛森奶酪企业

科蒂艺术坊
意大利　都灵市巴尔巴鲁公路26/a号
联系电话：0039.011.4546410
网址：www.cottiadarte.it

塔兰塔之家，萨伦托餐馆
意大利　都灵市加拉里公路10/a号乙
联系电话：0039.011.4270532

美膳雅厨具
网址：www.cuisinart.fr

帝泽电器
网址：
www.dedietrich-electromenager.fr

伊蒂维诺酒业
巴黎帕芒蒂埃大街88号　邮编：75011
联系电话：01 43 57 10 34
网址：www.idea-vino.fr

塞拉米卡家庭用品制造商
意大利　巴勒莫市西西里高速公路38号
联系电话：0039.091.6251997
网址：
www.lafabbricadellaceramica.com
www.susannadesimone.com

松露屋
巴黎马德莱娜广场19号　邮编：75008
联系电话：01 42 65 53 22
网址：www.maison-de-la-truffe.com

马里恩·格雷克斯陶瓷
巴黎孔多塞大街50号　邮编：75009
联系电话：06 62 27 23 44
网址：
www.mariongraupoterie.tumblr.com

佩萨诺杂货店
巴黎圣莫大街159号　邮编：75011
联系电话：09 51 56 19 68

阿涅利锅具
阿涅利巴尔达萨雷　玛多娜公路s/n号
邮编：24040（意大利拉廖市）
联系电话：0039.035.204.711
网址：www.agnelli.net

拉普杂货店
巴黎罗迪耶大街15号　邮编：75009
联系电话：01 42 80 09 91
网址：www.epicerie.rapparis.fr

德鲁塔　迈欧力奇艺术品制造商店
德鲁塔市南部乌西塔45号　邮编：06053
联系电话：0039.075.9711342
网址：www.derutamegastore.com

西西里岛扎巴拉商店
意大利　都灵市萨鲁佐公路49d号
联系电话：0039.011.6509240
网址：www.zabbara.it

致谢

- 感谢我的母亲蕾拉女士，她将她的技艺热情而细致地传授给我；也要感谢我的祖母和外祖母碧安卡和埃尔米尼亚女士。
- 感谢里玛·布兹和克蕾拉·奥兹-拉防坦给予我的信任。
- 感谢伊芙·玛丽·齐扎-拉卢，如果没有她，这本书不可能出版。
- 十分感谢技术高超的摄影师弗朗切斯卡·曼托瓦尼，她准确地抓住了我烹饪作品的灵魂。
- 感谢吉尔斯·韦伯提供的宝贵支持和帮助，本书的编辑得益于他，而变得富有生机和趣味。
- 感谢巴黎伊蒂维诺酒业的丽塔·平纳，她将其所知运用到本书中，将菜肴和意大利葡萄酒绝妙地搭配在一起。
- 感谢巴黎拉普杂货店的亚历山德拉·皮耶里尼，他为人友好、善良，并向我们供应了高质量的产品。
- 感谢巴黎佩萨诺杂货店的达维和费德里卡，他们为人友好、热情。
- 感谢帕玛森奶酪公司和帕尔马火腿公司的法布里斯·古尔及奥耶斯，他们提出了许多针对性建议。
- 感谢那不勒斯比萨制作协会的奥里奇奥先生在本书比萨章节中提供的帮助和专业性意见。
- 感谢烹饪设计师安娜-索菲·洛姆，她将食谱充分地融入到了我所在国家的文化当中。
- 感谢保拉·内伯特，在寻找撒丁岛、普利亚大区、巴西利卡塔大区和西西里岛传统陶瓷时，帮我们匹配到了高质量的道具。
- 感谢阿涅利锅具提供的高品质的平底锅。
- 感谢德鲁塔·迈欧力奇艺术品制造商店提供的翁布里亚大区传统精美的陶瓷。
- 感谢美膳雅提供的高端家用电器，本书的诸多菜肴都是在这些厨具的辅助下完成的。
- 感谢帝泽电器提供的高品质的烹饪托盘和炸锅。
- 感谢左岸风瓷提供的众多精美的餐具。
- 感谢松露屋提供的美味松露。
- 感谢都灵市塔兰塔之家餐馆借用的普利亚大区的传统的陶瓷制品。
- 感谢科蒂艺术坊帮助我们挑选的意大利南部的传统陶瓷制品。
- 感谢扎巴拉商店提供的西西里岛的产品。
- 感谢艾特莎提供的古典精美的餐具。

感谢摄影

感谢安德烈·贝纳莫伊，布朗色科·科波尔德借给我们拍摄视频所需的灯光设备。

图书在版编目（CIP）数据

星厨的独家意式料理/（意）米娅·曼戈利尼（Mia Mangolini）著；（意）弗兰切斯卡·曼托瓦尼（Francesca Mantovani）摄影；刘思雨，孙含悦译. — 武汉：华中科技大学出版社，2019.11
ISBN 978-7-5680-5583-3

Ⅰ.①星… Ⅱ.①米… ②弗… ③刘… ④孙… Ⅲ.①菜谱－意大利
Ⅳ.①TS972.185.46

中国版本图书馆CIP数据核字（2019）第177254号

The copyright © Flammarion SA, Paris, 2013
The title of the work in French as *Encyclopédie de la gastronomie italienne*
Text translated into Simplified Chinese 2019, Huazhong University of Science and Technology Press Co., Ltd.
This copy in simplified Chinese can be distributed and sold in PR China only, excluding Taiwan, Hong Kong and Macao

本作品简体中文版由Flammarion SA授权华中科技大学出版社有限责任公司在中华人民共和国境内（但不包括香港、澳门和台湾地区）出版、发行。
湖北省版权局著作权合同登记　图字：17-2019-163号

星厨的独家意式料理
Xingchu de Dujia Yishi Liaoli

[意] 米娅·曼戈利尼（Mia Mangolini）　著
[意] 弗兰切斯卡·曼托瓦尼（Francesca Mantovani）摄影
刘思雨　孙含悦　译

出版发行：华中科技大学出版社（中国·武汉）　　　　电话：（027）81321913
　　　　　北京有书至美文化传媒有限公司　　　　　　（010）67326910-6023
出 版 人：阮海洪

责任编辑：莽　昱　谭晰月
责任监印：徐　露　郑红红　　封面设计：邱　宏

制　　作：北京博逸文化传播有限公司
印　　刷：北京汇瑞嘉合文化发展有限公司
开　　本：980mm×1140mm　　1/16
印　　张：29
字　　数：147千字
版　　次：2019年11月第1版第1次印刷
定　　价：268.00元

本书若有印装质量问题，请向出版社营销中心调换
全国免费服务热线：400-6679-118　　竭诚为您服务
版权所有　侵权必究